基礎から学ぶ
気象学

佐藤尚毅
Sato Naoki

東京学芸大学出版会

はじめに

　気象というと、天気図を思い浮かべる人も多いと思います。天気図は、1858年にフランスで初めて作成されたとされています。クリミア戦争（1853〜1856年）でフランスの艦隊が暴風雨によって大きな損害を受けたことがきっかけです。当時の日本はまだ江戸時代でしたが、明治維新後の1883年には早くも日本で最初の天気図が作成されました。記入されている観測データは日本国内のもののみであり、地点数も現代よりはるかに少なかったのですが、気圧の観測値が書き込まれ、等圧線が引かれている点は現代の天気図と同じです。

　気圧の変化が天気の変化と密接に関連していることは、この時代にはすでに知られていました。イタリアの物理学者エヴァンジェリスタ・トリチェリが水銀柱の実験によって気圧の存在を確かめたのは17世紀のことです。トリチェリの実験は、現代でも使われている水銀気圧計の原理となりました。その後、気圧の変化を調べると、天気の変化を予想できることもわかりました。気圧が下がるということは低気圧が近づいているということだから天気が悪くなり、逆に気圧が上がると天気が良くなる、という理科の教科書にも書いてある知識です。気圧計は晴雨計とも呼ばれ、重宝されたようです。

　ところが、天気図をかいて気圧の分布やその変化から天気を予想するという技術が生まれるまでには、この後2世紀程度の時間を要しています。この原因としては、通信手段が未発達であったことが挙げられるでしょう。日々の天気の変化を決める低気圧や高気圧は、およそ時速40 kmで移動します。天気図をかいて実用的な天気予報を行なうためには、低気圧や高気圧の移動よりも十分に速い速度で観測データを伝達しなければなりません。天気の予想にはこだわらず、過去の事例を研究するだけであれば、高速で情報を伝達する必要はありませんが、それでも、その地域の国家間で観測方法を統一しておくことは最低限必要なこ

とです。戦争が気象学の発展のきっかけになったのは事実のようですが、19世紀半ばに天気図が初めて作成されたのは、通信手段が発展した時代背景もあったと考えられます。逆の見方をすれば、情報通信技術の進歩は、気象学のさらなる発展をもたらす可能性を秘めているといえるでしょう。

さて、天気図をかくことによって、低気圧や高気圧の構造や変化、移動の様子がわかるようになり、1910年代から20年代にかけて、温帯低気圧や前線の詳細な構造がわかってきました。これには、ノルウェーの気象学者ヴィルヘルム・ビヤークネスを中心とする研究者たちの貢献が大きく、「ノルウェー学派」とも呼ばれています。彼らが提示した温帯低気圧や前線のモデルは現代にも通用するものです。この時代の天気予報は、基本的には、天気図という図面をかき、その図面に基づいて経験的に将来の天気を予想するというものだったと考えられます。

この頃すでに、物理学の法則を記述した方程式に基づいて大気の運動を計算すれば天気予報ができるのではないか、と考えた研究者がいました。イギリスの気象学者ルイス・フライ・リチャードソンです。しかし、そのためには膨大な量の計算が必要であり、まだ電子計算機がなかった時代、6時間先を予想するのに1か月以上かかりました。しかも単に時間がかかったというだけでなく、当時は知られていなかった数値計算の技術上の問題もあって、この試みは残念ながら失敗に終わりました。「リチャードソンの夢」とも呼ばれますが、この夢は、1940年代に電子計算機が実用化された後、1950年代に実現します。リチャードソンが考えた数値予報の原理は、現代の数値予報と本質的には同じものです。

1940年代には、気象学の理論にも大きな進歩がありました。アメリカの気象学者ジュール・グレゴリー・チャーニーとイギリスの気象学者エリック・イーディーによって、傾圧不安定の理論が提唱されました。これは、温帯低気圧の発生、発達を説明する理論です。それまでは、暖気と寒気がぶつかりあう前線が不安定になって低気圧が発生する、とい

う半ば経験的な理論によって温帯低気圧の発生や発達を説明していましたが、傾圧不安定の理論が提示されたことで、温帯低気圧や移動性高気圧を方程式の解として説明することができるようになりました。チャーニーとイーディーは「紙と鉛筆で」方程式を解いたわけですが、これは、リチャードソンが考えた数値予報、つまりコンピュータで方程式を解くということと別ものなのではなく、手法が異なるだけで表裏一体をなすものです。

日本のような中緯度域での天気予報において、温帯低気圧と並んで重要なのは、台風です。台風、つまり熱帯低気圧の発達の理論は、「第2種条件つき不安定」といいますが、これは1960年代に確立されました。このように現代の気象学の基礎となる重要な理論の多くは、1940年代以降に発見されています。

気象学の発展にとって重要な転換点は2つあると思います。1つは天気図の発明です。人類は古代から天気や気温、風の変化に関心をもってきたはずです。しかし、それは、基本的には1地点における気象の変化に注目したものでした。天気図をかくことによって、気象を1地点のものではなく、分布として認識できるようになりました。これは非常に大きな進歩であり、近代の気象学の幕開けといってもよいものです。

もう1つの転換点は、リチャードソンが思い描いた数値予報とその実用化、および、それとほぼ同じ時期の傾圧不安定の理論の発見です。これら一連の出来事に共通するのは、気象を方程式によって記述し説明することができたことです。そして、その後のいくつかの重要な発見も、同じように方程式によって書かれました。それまでの気象学は、天気図という形で、客観的、科学的に記述されてはいましたが、その解釈においては経験的な知識に頼らざるをえませんでした。気象を方程式の解として説明できるようになったことは、現代の気象学の始まりといってよいでしょう。ちなみに、現代物理学といえば、量子力学や相対性理論のような分野を指しますが、数値予報や傾圧不安定の理論は、量子力学や

相対性理論よりも新しいのです。

　この本を読まれている皆さんのなかには、ラジオの気象通報を聴いて天気図をかいたことがある、という方もいらっしゃるでしょう。気象学の歴史を振り返ってみると、天気図をかくという作業は、単なる趣味ではなく、近代の気象学の実践といってよいでしょう。小学校や中学校の理科も、天気の観察や気温、気圧の測定などに始まって、雲画像や天気図へと発展していきますが、これも、気象学の発展の歴史と重なるものです。皆さんの頭の中にある「近代の気象学」を「現代の気象学」に発展させるためには何が必要でしょうか。それは、気象を方程式によって用いて記述するということになります。しかし、これは、公式を覚えたり、難しい微分・積分の計算をしたりするということではなく、これまでは普通の言葉や図でかいてきたものを、数式を用いて多少厳密に定量的に書いてみましょうということです。本書では、「現代の気象学」に初めて触れる読者を想定し、できるだけ抵抗なく、基礎から順を追って理解を深めていくことをめざしています。

　2019 年 7 月

佐藤尚毅

本書の使い方

◎理科の先生のために

　本書は、著者が東京学芸大学で行なっている、理科の教職課程の学生向けの授業「気象学概説」のテキストに基づいて作成されたものです。教職課程なので、小学校から高等学校までの学習指導要領や教科書に対応した内容になっています。これらの教科書に書かれている知識を網羅しているわけではありませんが、気象に関する内容を教えるうえで、学校の先生があらかじめ学んでおくと役立つ内容を多く含んでいます。

◎本書の構成

　本書は、おおむね、ひとつの章（第○講）が大学の1週分の授業（90分）に対応します。大学の1学期は15週であり、基本的には本書に書かれている順に学んでいきます。理系の勉強は積み上げであり、現象を理解するためには基礎となる理論をきちんと学んでおくことが重要です。したがって、本書では基礎理論を先に学び、実際の現象に関する内容はその後に学びます。たとえば、第2〜4講では大気の熱力学についての理論を学び、その後、第5〜6講で熱力学の理論に基づいて降水や温室効果について学習します。同じように、第7〜8講では力学に関する理論を学び、第10講で天気図や気圧配置について確認した後、第11〜12講で低気圧や台風を取り上げます。これらの章では、低気圧や台風の仕組みを理解するために、すでに学んだ熱力学、力学の理論を応用しています。

◎気象予報士試験にも役立つ

　本書の内容は、気象予報士試験の学科試験の「予報業務に関する一般知識」の範囲のうち法規に関する部分を除いた部分をほぼ網羅しています。したがって、これから気象予報士試験を受験したい、と考えている

人にとっても大いに参考になるでしょう。気象予報士試験の学科試験は、「予報業務に関する一般知識」のほかに「予報業務に関する専門知識」があり、さらに実技試験もあります。本書のみで気象予報士試験の出題範囲すべてを学ぶことができるわけではありませんが、「一般知識」は気象学の基礎といえますので、これから学習を始めるという人には最適の内容です。資格取得のための参考書ということであれば、有用なものも多く出回っていると思いますが、理解が思ったより深まらず得点がいまひとつ、という人や、せっかく学習するのであれば基礎からじっくり学んで確実に合格したいという人は、まさに本書が想定する読者といえます。

◎難解な内容は補講で解説
　「気象学概説」は、理科の専攻科目であるものの、例年、文系の学生も履修し単位を取得しています。本書では、基礎知識として、高等学校の理系コースの数学や物理の知識を用いている箇所がありますが、事前に数学や物理の知識をどの程度知っているかということよりも、必要に応じて学ぶ姿勢をもつほうが重要ではないかと思います。数学や物理の知識として、特に難易度が高いと思われる部分は、「補講」として詳しく解説していますので、参考にしてください。

◎理解を確かめるための練習問題
　各章末には、理解度を確かめるための練習問題を掲載しています（解答例は巻末付録に掲載）。数式を使って気象学を学ぶ際に重要なことは、その数式がどうして成り立つのか導出過程を説明できるようになることと、その数式の意味を理解し応用することができるようになることです。ですから、くれぐれも公式の丸暗記はしないようにしましょう。

◎基礎理論を理解し楽しく学ぶ
　本書は、大学での１学期分の授業に対応し、基礎理論と体系的な気象

の理解に重点を置いています。気象予報士をめざして自分で学習計画を立てて学ぼうとする場合、もし、学習の途中で少しわかりにくい箇所があったときには、計画どおりに先に進むよりも、わかりにくい箇所を時間をかけてじっくり学習したほうがよいでしょう。理系の学習は1つひとつの理解の積み上げですから、基礎理論を着実に理解することが重要です。中途半端な理解のままで先に進んでしまうと、体系的かつ本質的な理解に到達するには、かえって時間がかかってしまうことがあります。とはいえ、数式が出てくる基礎理論の学習ばかりでは飽きてしまうかもしれません。そんなときは、雲の成り立ちや低気圧、台風の話など、興味のある章を先に読んでみてもよいでしょう。また、最近ではインターネットを通じて各種天気図や観測データなどを容易に閲覧・入手できるようになりました。皆さんがより多くの天気図や雲画像に親しみながら、気象学を楽しく学べるように参考情報を巻末に掲載しましたので、ご活用ください。

目次

はじめに 3
本書の使い方 7

第 1 講　　地球大気の概観

1.1　大気の組成 13
1.2　大気の鉛直構造 14
1.3　オゾン層と紫外線 16

第 2 講　　大気の熱力学

2.1　気体の性質の概観 21
2.2　気体の状態方程式 22
2.3　大気中の水蒸気 23
2.4　大気の圧力 27
発展　クラウジウス・クラペイロンの関係式 32
補講 A　微分方程式の解き方 39

第 3 講　　大気の安定度 (1)

3.1　乾燥大気の安定度 49
3.2　湿潤大気の安定度 51
3.3　フェーン現象 54
3.4　逆転層 55
補講 B　熱力学の第 1 法則 59

第 4 講　　大気の安定度 (2)

4.1　温位 63
4.2　エマグラム 66

 4.3 安定度と積雲対流.................................... 68
 4.4 相当温位.. 71

第 5 講 雲と降水

 5.1 雲量と天気... 77
 5.2 十種雲形.. 78
 5.3 雲画像.. 80
 5.4 降水過程.. 82

第 6 講 大気における放射

 6.1 熱収支と温室効果.................................... 91
 6.2 大気による散乱....................................... 98

第 7 講 大気の力学 (1)

 7.1 コリオリ力の概観.................................... 101
 7.2 コリオリ力の計算.................................... 102
 7.3 地衡風平衡... 107
 7.4 傾度風平衡... 110
 補講 C 角運動量保存則................................. 115

第 8 講 大気の力学 (2)

 8.1 温度風の関係.. 121
 8.2 収束・発散と渦度.................................... 123

第 9 講 大気の大循環

 9.1 大規模な大気の流れ................................. 129
 9.2 熱輸送と熱収支....................................... 132

第 10 講　日本の気象と気候

10.1　日本の気圧配置 137
10.2　日本周辺の気団 142

第 11 講　温帯低気圧と傾圧不安定

11.1　低気圧と高気圧 145
11.2　温帯低気圧と前線 145
11.3　温帯低気圧の鉛直構造と傾圧不安定 149

第 12 講　熱帯低気圧と台風

12.1　熱帯低気圧の概観 159
12.2　熱帯低気圧の発生と発達 162
12.3　台風の温帯低気圧化 165
12.4　台風情報の利用 167

第 13 講　気候の変動

13.1　短周期の変動 171
13.2　人為的な気候変動 175

巻末付録

付録 1：国際式天気記号 181
付録 2：天気図や観測データの入手について 190
付録 3：練習問題の解答例 192

索引 203

第1講

地球大気の概観

1.1 大気の組成

地球大気の組成は、水蒸気を除くと、地表付近から高度 80 km くらいまではほぼ一定である。体積比で示すと、**窒素** (nitrogen)(N_2) が約 78%、**酸素** (oxygen)(O_2) が約 21%、**アルゴン** (argon)(Ar) が約 1%、**二酸化炭素** (carbon dioxide)(CO_2) が約 0.04% である。高度 80 km より上層では重力による分離が生じ、分子量の小さい気体分子や原子の割合が増えていく。

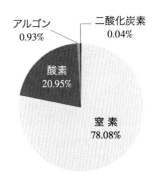

図 1-1：地表付近の乾燥大気の組成

① 中学校理科第 1 分野の化学的領域や高等学校の地学で、大気の組成を取り上げる。

① 大気の組成は体積比で表されることが多い。地球の大気のように理想気体（後述）とみなせる気体においては、体積比は、物質量の比や分圧の比に等しい。体積比ではなく質量比で示した場合には、組成の値が異なることに注意が必要である。

他の**地球型惑星** (terrestrial planet) である金星や火星においては、大

気の主成分は二酸化炭素である。地球において、大気中の二酸化炭素が少ないのは、おもに海洋によって吸収されたからである。一方、木星、土星、天王星、海王星のような**木星型惑星** (Jovian planet) の大気は水素 (H_2)、ヘリウム (He)、メタン (CH_4) などからなる。

1.2 大気の鉛直構造

　地球大気の鉛直構造をみると層構造をしていることがわかる。地上から約 11 km までは**対流圏** (troposphere) とよばれる。雲の発生や降水など、通常よく知られた気象現象が起こるのは対流圏である。対流圏では高度とともに気温は低下する。その割合は、1 km につき約 6.5 ℃である。なお、対流圏の厚さは緯度によって異なり、赤道域では 17 km 程度に達するが、高緯度域では 9 km 程度である。

　対流圏の上は**成層圏** (stratosphere) である。成層圏は、対流圏とは違って、上に行くほど気温が高い。対流圏と成層圏の境目を**圏界面**（対流圏界面）(tropopause) という。成層圏で上に行くほど温度が上がるのは、**オゾン** (ozone)(O_3) が**紫外線** (ultraviolet light) を吸収することによって、大気が加熱されているからである。オゾンは下部成層圏の高度 20 〜 30 km 付近を中心として多く存在している。この高度帯を**オゾン層** (ozone layer) とよんでいる。

　成層圏オゾンは地球上の生物にとって有害な紫外線の多くを吸収している。しかし、オゾンそのものには毒性があるので、基準を超える対流圏オゾンは有害である。近年では、**フロン** (chlorofluorocarbon; CFC)（炭素、塩素、フッ素からなる有機化合物）によってオゾン層（成層圏オゾン）の破壊が生じている。オゾンは酸素分子が短波長の紫外線を吸収することによって生成されるので、大気中に酸素がほとんど存在しない金星や火星には成層圏は形成されない。

成層圏の上には**中間圏** (mesosphere) であり、再び高度とともに気温が低下する。中間圏の上は**熱圏** (thermosphere) とよばれる。熱圏では、大気は非常に薄く、高度とともに温度が高くなる。また、気体の原子、分子が、太陽からのＸ線、紫外線や**太陽風** (solar wind)（太陽から流れてくる荷電粒子の流れ）に含まれる電子によって電離し、イオンと電子に分かれている。このような層のことを特に**電離層** (ionosphere) という。電離層は電波を反射する性質がある。短波放送が地平線よりもはるか先の遠方まで届くのは電離層のおかげである。**オーロラ** (aurora) は、高速の荷電粒子が酸素原子や窒素分子に衝突したときに発光する現象であり、熱圏で生じている。

　なお、地球の半径はおよそ 6400 km であり、地球の半径に比べて大気は非常に薄いことがわかる。

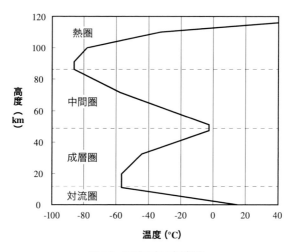

図 1-2 : 地球大気の層構造

① 高等学校の地学で、大気の厚さ、層構造を取り上げる。中学校の理科第２分野においても、雲のできる高さという形で、対流圏の厚さに言及している。地球の半径と大気の厚さを対比して理解するとよい。

① 高等学校の地学の天文学の分野で、太陽風やオーロラにふれる。

1.3 オゾン層と紫外線

　オゾン層は地球に特有のものであり、生物にとって有害な紫外線の多くを吸収している。紫外線とは、可視光よりも波長が短い電磁波のことである。紫外線は、波長によって地上への到達のしやすさや人体への影響の大きさが異なるため、長波長側から UV-A、UV-B、UV-C の 3 つに分類されている。

① UV-A：波長域は 315〜400nm で、可視光に最も近い。オゾンによる吸収をほとんど受けない。成層圏オゾンの量が変化しても地表に到達する量はほとんど変化しない。UV-B に比べて人体への影響は小さいが、長時間浴びた場合の健康影響が懸念されている。地表に到達する紫外線のうち 99% が UV-A である。

② UV-B：波長域は 280〜315nm。オゾンによって吸収されやすいため、成層圏のオゾンの量の変動によって地上に到達する量が大きく変化する。皮膚や眼に有害である。日焼けを起こしたり、皮膚がんの原因となったりする。

③ UV-C：波長域は 100〜280nm。紫外線のなかで最も波長が短い。強い殺菌作用がある。生体への影響が強く有害であるが、上空のオゾンなどによって吸収されて地表にはほとんど到達しない。

気象庁が発表する紫外線情報では、波長ごとに重みをかけて紫外線の強度を計算した UV インデックスが用いられている。これは、おもに UV-B の強さの指標となっている。

オゾンは酸素分子が波長の短い紫外線 (UV-C) を吸収し解離されることによって生成される。酸素分子は波長 240 nm 以下の紫外線を吸収して 2 つの酸素原子に分裂する性質がある。

$$O_2 + h\nu \rightarrow 2O$$

これを**光解離** (photolysis) という。このようにしてできた酸素原子が酸素分子と結合するとオゾンができる。この反応には触媒となる分子が必要である。

$$O_2 + O + M \rightarrow O_3 + M$$

触媒 M の役割を果たすのは、実際には N_2 や O_2 などである。1 つめの式に、2 つめの式の 2 倍を加えると、

$$3O_2 \rightarrow 2O_3$$

となり、正味で、3 つの酸素分子から 2 つのオゾン分子ができていることがわかる。

このようにして生成されたオゾンは紫外線 (UV-B) を吸収することによって、光解離して、O と O_2 を作る。

$$O_3 + h\nu \rightarrow O + O_2$$

この反応によって、成層圏の大気は加熱される。この後、O が O_2 と結合すると再びオゾンができるので、正味ではオゾンは失われない。O が O_3 と結合すると

$$O + O_3 \rightarrow 2O_2$$

という反応によって、オゾンは消滅し酸素分子に戻る。現実の大気では、上の反応式のような O と O_3 の直接的な反応よりは、触媒を通して以下のような反応が有効であることが知られている。

$$Z+O_3 \rightarrow ZO+O_2$$
$$ZO+O \rightarrow Z+O_2$$

Z は触媒である。2 つの反応式を足し合わせれば、結局、

$$O+O_3 \rightarrow 2O_2$$

となる。触媒 Z の役割を果たすのは、窒素酸化物の光解離によって生じた NO、水蒸気から生じた HO、フロンなどの塩素化合物から生じた Cl などである。南極上空では春先に、人為的に放出されたフロンから生じた Cl によってオゾンが破壊される。これは、**オゾンホール** (ozone hole) として知られている。

① 高等学校の地学で、オゾン層やオゾンホールを取り上げる。

オゾン分子の数密度が最も多いのは高度 20 ～ 25 km 付近である。しかし、紫外線はオゾンによって吸収され弱まりながら下層に達する。また、大気は上空に行くほど薄くなるので、オゾンの濃度（混合比）の極大は 25 km よりも高い高度にある。このため、オゾンが紫外線を吸収することによる加熱は、数密度が極大となる高度よりも上空で極大になる。温度の極大も、25 km よりも高い 50 km 付近に存在する。

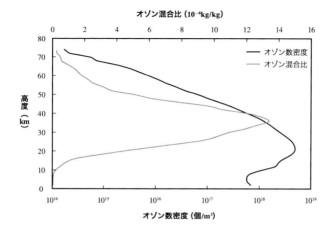

図1-3：オゾン分子の数密度とオゾン混合比

第1講　地球大気の概観

第2講

大気の熱力学

2.1 気体の性質の概観

空気のような気体の性質を簡単に考えてみよう。まず、気体には圧力を上げると体積が小さくなる性質がある。たとえば、圧力を2倍にすれば体積は半分になる。数学的には、体積は圧力に反比例する、ということができる。圧力を p、体積を V として、数式に書くと、

$$pV = a \quad (a \text{ は定数}) \qquad ①$$

となる。次に、気体には温度を上げると体積が大きくなる性質がある。たとえば、絶対温度を2倍にすれば体積は2倍になる。数学的には、体積は絶対温度に比例する、といえる。絶対温度を T とおいて、数式に書くと、

$$V = bT \quad (b \text{ は定数}) \qquad ②$$

となる。①と②を組み合わせると、

$$pV = cT \quad (c \text{ は定数}) \qquad ③$$

と表すことができる。実際に、③で T を一定にすると①になり、p を一定とすると②になることが確かめられる。次の節では、③のような関係式をもう少し厳密に導いてみよう。

2.2 気体の状態方程式

気体分子自身の体積や分子間力(分子と分子の間にはたらく引力)などが存在しない仮想的な気体を**理想気体** (ideal gas) という。理想気体においては、

ボイルの法則 (Boyle's law):
温度一定の条件下では体積は圧力に反比例する。

シャルルの法則 (Charles's law):
圧力一定の条件下では体積は絶対温度に比例する。

が成り立つ。このような性質は、圧力を p、体積を V、物質量(モル)を n、絶対温度を T、**気体定数**(普遍気体定数)(gas constant) を R^* として、

$$pV = nR^*T$$

と表すことができる。これを理想気体の**状態方程式** (equation of state) という。気体定数 R^* は、R^*=8.31 J/mol K である。なお、0 ℃ は絶対温度 273.15 K に対応する。

① 高等学校の物理や化学で、理想気体の状態方程式を取り扱う。

現実の大気は、多くの場合、理想気体とみなすことができる。また、水蒸気を含まない乾燥空気の平均分子量はほぼ一定であるので、気象学では、状態方程式において物質量の代わりに質量をそのまま用いて、

$$p = \rho RT \qquad ①$$

と表現することが多い[†]。ただし、ρ は気体の密度である。状態方程式をこのように表した場合、乾燥空気に対する気体定数は、R=287 J/kg K

である。この状態方程式においては、（平均）分子量によって気体定数の値が異なることに注意が必要である。

> [†] 物理学では、分子量の異なる気体に対して一般に適用できる状態方程式として
>
> $$pV = nR^*T$$
>
> を用いる。ここで、R^* は普遍気体定数であり、R^* =8.31 J/mol K である。また、V は体積、n は物質量（モル）である。気体の（平均）分子量を M、質量を m とすると、
>
> $$n = \frac{1000m}{M}$$
>
> だから、
>
> $$pV = \frac{1000m}{M} R^*T$$
>
> となる。ここで、密度 ρ は
>
> $$\rho = \frac{m}{V}$$
>
> だから、状態方程式の両辺を V で割って、
>
> $$p = \rho \frac{1000R^*}{M} T$$
>
> が得られる。気象学では、
>
> $$R = \frac{1000R^*}{M}$$
>
> を気体定数とよぶことが多い。地球における乾燥大気の平均分子量は M =28.97 で一定とみなせるので、たいていの場合、気体定数をこのように定義したほうが便利である。気体定数 R の値は、R =287 J/kg K である。

2.3　大気中の水蒸気

　一般に空気には水蒸気が含まれている。乾燥した空気に含まれる水蒸気の量は少ないが、湿った空気には多くの水蒸気が含まれている。空気中に含まれる水蒸気の量は、水蒸気圧（水蒸気の分圧）で表すことができる。空気が水蒸気に関して飽和しているときの水蒸気圧を**飽和水蒸気圧**(saturation vapor pressure) という。飽和水蒸気圧は、気温が上がると大きくなる。以下のような近似式（テテンの式）を用いて、飽和水蒸気

圧を計算することができる。

$$e_s = 611 \exp\left(17.27 \frac{T-273.16}{T-35.86}\right)$$

ただし、e_s は飽和水蒸気圧 (Pa)、T は絶対温度 (K) である。0 ℃ は 273.15 K に相当する。exp x（exp はエクスポーネンシャルとよむ）というのは、e^x (e =2.718…) ことである。

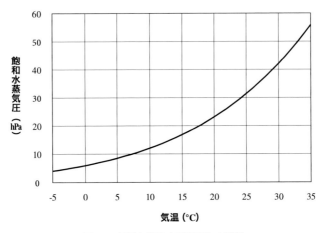

図 2-1：気温と飽和水蒸気圧との関係

- ① 高等学校の地学や化学で、飽和水蒸気圧を取り扱う。飽和水蒸気圧は温度のみの関数である。
- ① 水蒸気圧という考え方は中学生には難しいので、中学校理科第 2 分野では、水蒸気圧の代わりに水蒸気量（水蒸気密度）(g/m^3) が用いられる。同様に、飽和水蒸気圧の代わりに、**飽和水蒸気量**（飽和水蒸気密度）(saturation water vapor content) を用いる。

相対湿度（湿度）(relative humidity) は、飽和水蒸気圧と実際の水蒸気圧の比として計算される。つまり、相対湿度 h は、飽和水蒸気圧 e_s と実際の水蒸気圧 e を用いて

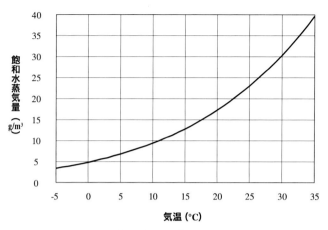

図 2-2：気温と飽和水蒸気量との関係

$$h = \frac{e}{e_s}$$

と定義できる。

ⓘ 中学校理科第 2 分野や高等学校の地学で相対湿度を取り扱う。ただし、中学校理科第 2 分野では、飽和水蒸気圧の代わりに飽和水蒸気量を用いて計算する。

空気中に含まれている水蒸気の割合を表す量として、**混合比** (mixing ratio) や**比湿** (specific humidity) が使われることもある。混合比 r は、空気に含まれる水蒸気の密度 ρ_v と乾燥空気の密度 ρ_d との比であり、

$$r = \frac{\rho_v}{\rho_d}$$

と定義される。理想気体の状態方程式より、乾燥空気と水蒸気のそれぞれについて、

第 2 講　大気の熱力学　　25

$$\rho_d = \frac{M_d}{1000R^*T}(p-e), \ \rho_v = \frac{M_v}{1000R^*T}e$$

（M_d は乾燥空気の平均分子量、M_v は水蒸気の分子量）

が成り立つことに注意すると、混合比 r は、空気の圧力 p と水蒸気圧 e を用いて、

$$r = \frac{M_v e}{M_d(p-e)} = \frac{0.622e}{p-e}$$

と計算することもできる。0.622 は水蒸気の分子量 M_v(18.02) と乾燥空気の平均分子量 M_d(28.97) との比である。一方、比湿は、空気に含まれる水蒸気の密度と空気全体の密度との比であり、水蒸気の濃度のようなものである。比湿 q は、

$$q = \frac{\rho_v}{\rho_d + \rho_v}$$

と定義され、

$$q = \frac{0.622e}{(p-e)+0.622e} = \frac{0.622e}{p-0.378e}$$

と計算することができる。比湿や混合比は、温度や圧力が変化しても、空気塊の混合や水蒸気の凝結（凝縮）、蒸発が起こらない限り保存する（一定に保たれる）量である。このため、気象学では、しばしば比湿や混合比が用いられる。

　飽和水蒸気圧は気温が下がると小さくなるので、空気が冷却され、空気中に含まれる水蒸気の分圧（水蒸気圧）が飽和水蒸気圧を超える状態になると、水蒸気が凝結して水滴になる。空気を圧力一定の条件のもとで冷却し、水蒸気圧と飽和水蒸気圧が等しくなって水蒸気の凝結が始まったときの温度を**露点温度**（**露点**）(dew point) という。2 つの空気塊の気温が同じであっても、相対湿度の高い空気塊のほうが水蒸気を多く含んでいるので露点温度は高い。露点温度は常に気温と等しいか低い。気

温と等しい場合は相対湿度が 100% である。気温と露点温度との差が 3 °C のとき、相対湿度はおよそ 80% である。気温と露点温度との差を**湿数** (dew-point depression) という。現業（各国の気象官署などが行っている天気予報などの業務）で国際的に気象観測データを交換するときには、気温と相対湿度ではなく、気温と露点温度で報告することになっている。なお、水蒸気圧が飽和水蒸気圧を超えても凝結しない状態を**過飽和** (super saturation) という。

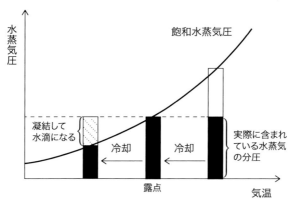

図 2-3：気温と水蒸気圧との関係

ⓘ 中学校理科第 2 分野や高等学校の地学で露点について学ぶ。ただし、中学校理科第 2 分野では水蒸気圧の代わりに水蒸気量を用いて計算する。

2.4　大気の圧力

　気圧、つまり大気の圧力とは、単位面積に加わる空気の重さであると考えてよい。気圧の単位としてはパスカル (Pa) を用いる。1 Pa は、1 m^2 あたり 1 N の力に相当する。海面での平均的な気圧は 1013.25 hPa であり、これを 1 気圧という。1 気圧は 1 cm^2 あたり約 1 kg 重の重さに相当する。

① 中学校理科第 2 分野や高等学校の地学で、気圧を取り扱う。海面での平均的な値も学ぶ。

　一般に上空に行くほど気圧は低くなる。これは、大気中を上に行くと、その区間の空気の重さの分だけ圧力が低下するためである。

　図 2-4 のように、Δz だけ上方に移動した場合の圧力の変化を考える。高さ Δz の区間に含まれる空気の質量は $\rho \Delta x \Delta y \Delta z$ である。したがって、この区間の空気の重さは $\rho g \Delta x \Delta y \Delta z$ となる。ただし、ρ は密度、g は重力加速度である。気圧は単位面積に加わる空気の重さだから、気圧の変化量は、その区間の空気の重さを面積で割った値に等しいはずである。ゆえに、気圧の変化量 Δp は、

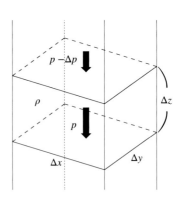

図 2-4 : 静水圧平衡の模式図

$$\Delta p = \frac{\rho g \Delta x \, \Delta y \, \Delta z}{\Delta x \, \Delta y}$$

と書ける。微分を用いると、

$$\frac{dp}{dz} = -\rho g \qquad ②$$

と表すことができる。このように、空気の重さの分だけ気圧が低下する状態のことを**静水圧平衡** (hydrostatic balance) という。実際の大気は、ほぼ静水圧平衡の状態にあることが多い。静水圧平衡のもとでの鉛直方向の気圧傾度は、地上付近では 10m につき約 1.2 hPa である。気温が高くなると空気の密度が小さくなるので、鉛直方向の気圧傾度も小さくなる。

　理想気体の状態方程式と静水圧平衡の関係から、等温大気（気温 T が一定であると仮定した大気）における気圧の鉛直分布を導いてみよう。

理想気体の状態方程式より、

$$\rho = \frac{p}{RT}$$

が成り立つ。これを静水圧平衡の式 ② に代入すると、

$$\frac{dp}{dz} = -\frac{g}{RT}p$$

が得られる。この微分方程式を解いてみよう（詳細は補講 A を参照）。$p > 0$ の場合を考えているので、まず、両辺を p で割って、

$$\frac{1}{p}\frac{dp}{dz} = -\frac{g}{RT}$$

とする。次に、一般に $\frac{d}{dx}(\ln x) = \frac{1}{x}$ であることに注意して、両辺を z について積分すると、

$$\ln p = -\frac{g}{RT}z + C \quad (C \text{ は積分定数})$$

となる。ここで、両辺の指数をとると、

$$p = p_0 \exp\left(-\frac{g}{RT}z\right) \quad (p_0 \text{ は定数})$$

が得られる。

上の式において、$z = 0$ では $p = p_0$ であるが、$z = \frac{RT}{g}$ では $p = \frac{p_0}{e}$ になる。このことから、気圧が $\frac{1}{e}$ 倍に減少する高さ H_0 は、

$$H_0 = \frac{RT}{g}$$

であることがわかる。この H_0 を**スケールハイト** (scale height) という。現実の大気では、スケールハイトは 8 km 程度である。

① 中学校理科第 2 分野や高等学校の地学で、上空に行くほど気圧が下がることを学ぶ。

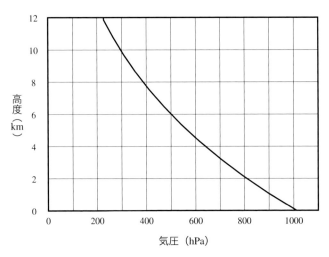

図 2-5：高度と気圧との標準的な関係

　地上天気図を作成するときには、観測された気圧をそのまま用いるのではなく、静水圧平衡の関係を用いて、高度 0 m（海面高度）における気圧の値に補正して作図している。これを海面更正といい、補正した気圧を**海面気圧** (sea level pressure) とよぶ。

ⓘ 中学校理科第 2 分野で、地上天気図を作成するときには、観測地点の標高に応じて気圧を補正することに言及する。実際に気圧を測定して天気図と比較するときにはこの補正を行なう必要がある。

　高層天気図を作成するときには、通常は、高度ではなく気圧で高さを指定する。地上天気図では地表面での気圧が高い場所を高気圧、低い場所を低気圧としたが、高層天気図では、指定された気圧面（たとえば 500 hPa 面）の高度が高い場所を高気圧、低い場所を低気圧とする。

表 2-1 : 気圧面とおよその高度

気圧面	およその高度
200 hPa	約 12 km
300 hPa	約 9.5 km
500 hPa	約 5.5 km
700 hPa	約 3 km
850 hPa	約 1.5 km

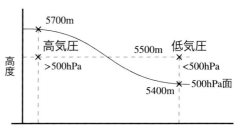

図 2-6 : 等圧面高度と気圧勾配

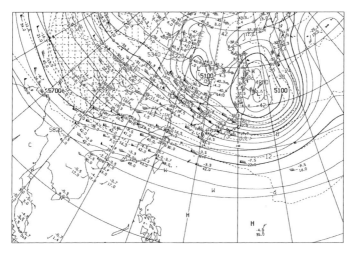

(気象庁のウェブサイトより)

図 2-7 : 高層天気図の例(500 hPa 天気図、2018 年 1 月 25 日 9 時)
(実線は等高線 (60 m おき)、点線は等温線 (6 ℃ おき))

第 2 講　大気の熱力学　　31

発展　クラウジウス・クラペイロンの関係式

　温度が高くなると飽和水蒸気圧は大きくなる。熱力学の法則を用いると、温度と飽和水蒸気圧との関係を定量的に記述できる。

　いま、体積が一定の容器の中に、液相と気相の水が存在して、平衡状態になっているとする。一般に、物質の内部エネルギーを U、圧力を p、比容（単位質量あたりの体積）を α、温度（絶対温度）を T、エントロピーを S とおくと、**ギブスの自由エネルギー** (Gibbs' free energy) G は、

$$G = U + p\alpha - TS$$

と書ける。定圧、等温という条件のもとでの相変化においては、G の変化 ΔG は

$$\Delta G = \Delta U + p\,\Delta\alpha - T\,\Delta S$$

と書ける。熱力学の第1法則（エネルギー保存則）より、物質に加えられた熱 Q は

$$Q = \Delta U + p\,\Delta\alpha$$

である。また、熱力学の第2法則より、一般に

$$\Delta S \geq \frac{Q}{T}$$

が成り立つ。したがって、

$$\Delta G = \Delta U + p\,\Delta\alpha - T\,\Delta S \leq 0$$

である。平衡であれば、

$$\Delta G = \Delta U + p\,\Delta\alpha - T\,\Delta S = 0$$

である。このように、ギブスの自由エネルギーは、定圧、等温条件下での平衡を論じるときに用いられる。

ここでは、液相と気相との間の相変化を考えているので、液相における U、α、S の値を U_1、α_1、S_1、気相における値を U_2、α_2、S_2 とおくと、

$$\Delta U = U_2 - U_1, \ \Delta \alpha = \alpha_2 - \alpha_1, \ \Delta S = S_2 - S_1$$

である。平衡状態であれば、$\Delta G = 0$ だから、

$$U_1 + p\alpha_1 - TS_1 = U_2 + p\alpha_2 - TS_2$$

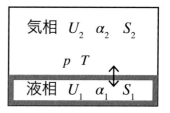

が成り立つ。ここで、圧力 p と温度 T が微小に変化したときの各変数の変化を考えると、

$$dU_1 + \alpha_1 dp + p d\alpha_1 - S_1 dT - TdS_1 = dU_2 + \alpha_2 dp + p d\alpha_2 - S_2 dT - TdS_2$$

である。一方、熱力学の第1法則より、

$$d'Q_1 = dU_1 + p d\alpha_1$$

が成り立つが、平衡を保ちながら準静的に加熱する場合には、$d'Q_1 = TdS_1$ なので、

$$dU_1 + p d\alpha_1 - TdS_1 = 0$$

となる。同様に、

$$dU_2 + p d\alpha_2 - TdS_2 = 0$$

も成り立つ。したがって、

$$\alpha_1 dp - S_1 dT = \alpha_2 dp - S_2 dT$$

$$(S_2 - S_1)dT = (\alpha_2 - \alpha_1)dp$$

となって、

$$\frac{dp}{dT} = \frac{S_2 - S_1}{\alpha_2 - \alpha_1}$$

が得られる。$S_2 - S_1$ は、蒸発熱 L を用いて、$S_2 - S_1 = \frac{L}{T}$ と書けるので、

$$\frac{dp}{dT} = \frac{L}{T(\alpha_2 - \alpha_1)}$$

と表すこともできる。この関係式を、**クラウジウス・クラペイロンの関係式** (Clausius-Clapeyrin equation) という。

上の関係式において、通常は $\alpha_2 \gg \alpha_1$ だから、$\alpha_2 - \alpha_1 \approx \alpha_2$ と近似できる。さらに、理想気体の状態方程式 $p\alpha = RT$ を（R は気体定数）を用いると、$\alpha_2 - \alpha_1 \approx \frac{RT}{p}$ と表せる。この近似を用いると、

$$\frac{dp}{dT} = \frac{Lp}{RT^2}$$

となって、

$$\frac{1}{p}\frac{dp}{dT} = \frac{L}{RT^2}$$

が得られる。蒸発熱 L を定数として、両辺を積分すると、

$$\ln p = -\frac{L}{RT} + C' \quad (C' は定数)$$

となって、結局、

$$p = C\exp\left(-\frac{L}{RT}\right) \quad (C は定数)$$

と書けることがわかる。

水蒸気の場合、$R = 461.4$ J/kg·K、$L = 2.500 \times 10^6$ J/kg である。したがって、飽和水蒸気圧 e_s は、0 ℃における値を e_{s0} として、

$$e_s = C\exp\left(-\frac{L}{RT}\right) = e_{s0}\exp\left[\frac{L}{273.15R}\left(\frac{T-273.15}{T}\right)\right]$$
$$= e_{s0}\exp\left(19.84\,\frac{T-273.15}{T}\right)$$

と表すことができる。実際には、飽和水蒸気圧の実用的な近似式として、

$$e_s = 611\exp\left(17.27\,\frac{T-273.16}{T-35.86}\right)$$

がしばしば用いられている(テテンの式)。クラウジウス・クラペイロンの関係式から導いた式において、0 ℃における値がテテンの式と一致するように定数 p_0 を定めて比較すると、両者はよく似た形になっていることがわかる。

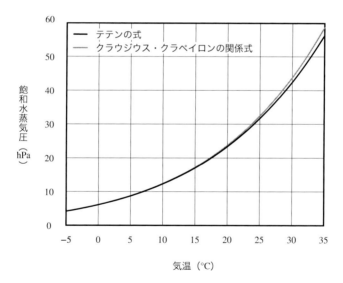

練習問題

問 2-1

以下の条件で、乾燥空気の密度 [kg/m^3] を有効数字 3 桁まで求めよ。ただし、乾燥空気の気体定数を $R = 287$ J/kg K とし、理想気体の状態方程式を用いてよい。1 hPa=100 Pa である点に注意せよ。

(1) 気圧が 1013 hPa、気温が 300 K（約 27 ℃）

(2) 気圧が 1013 hPa、気温が 273 K（約 0 ℃）

(3) 気圧が 700 hPa、気温が 273 K（約 0 ℃）

問 2-2

以下の気塊の密度 [kg/m^3] を有効数字 3 桁まで求めよ。ただし、気体定数 R^* は、$R^* = 8.31$ J/mol K とし、理想気体の状態方程式を用いてよい。

(1) 圧力が 1000 hPa、温度が 300 K の乾燥空気（平均分子量 29）

(2) 圧力が 1000 hPa、温度が 273 K の乾燥空気（平均分子量 29）

(3) 圧力が 1000 hPa、温度が 300 K の二酸化炭素（分子量 44）

問 2-3

気圧 1013.0 hPa、気温 26.0 ℃、露点温度 22.0 ℃ の空気について、以下の問いに答えよ。飽和水蒸気圧の計算ではテテンの式を用いよ。

(1) この空気の飽和水蒸気圧 [hPa] を小数点第 1 位まで計算せよ。

(2) この空気の水蒸気圧 [hPa] を小数点第 1 位まで計算せよ。

(3) この空気の相対湿度 [%] を 1 の位まで計算せよ。

(4) この空気の比湿 [g/kg] と混合比 [g/kg] を小数点第 1 位まで計算せよ。

問 2-4

気圧 1013.0 hPa、気温 18.0 ℃、相対湿度 70% の空気について、以下の問いに答えよ。飽和水蒸気圧の計算ではテテンの式を用いよ。

(1) この空気の飽和水蒸気圧 [hPa] を小数点第 1 位まで計算せよ。

(2) この空気の水蒸気圧 [hPa] を小数点第 1 位まで計算せよ。

(3) この空気の比湿 [g/kg] と混合比 [g/kg] を小数点第 1 位まで計算せよ。

(4) この空気の露点温度 [℃] を小数点第 1 位まで計算せよ。

問 2-5

以下の条件のもとでは、鉛直上方に移動したとき、1 m につき何 hPa の割合で気圧が低下するか。有効数字 3 桁まで求めよ。ただし、空気は理想気体であるものとし、静水圧平衡を仮定してよい。重力加速度は 9.81 m/s^2、気体定数は 287 J/kg K とする。

(1) 気圧が 1000 hPa、気温が 300 K（約 27 ℃）

(2) 気圧が 1000 hPa、気温が 273 K（約 0 ℃）

(3) 気圧が 500 hPa、気温が 273 K（約 0 ℃）

問 2-6

スケールハイトが 8.0 km である等温大気を考える。地表面気圧が 1000 hPa の場合、気圧が 500 hPa になるのは高度何 km のときか。有効数字 2 桁まで求めよ。ただし、ln 2=0.693 とする。

補講 A　微分方程式の解き方

2.4 節では、高度 z と気圧 p との間の関係を調べている。観測事実として、実際には図 2-5 のような関係になっていることが知られているが、この関係を次のような方程式を解くことによって説明してみよう。

$$\frac{1}{p}\frac{dp}{dz} = -\frac{g}{RT} \qquad \begin{array}{l} g：重力加速度（定数）\\ R：気体定数（定数）\\ T：気温 \end{array} \quad ①$$

この方程式は、理想気体の状態方程式（2.2 節の①式）と静水圧平衡の関係（2.4 節の②式）から導くことができた。

理想気体の状態方程式

$$p = \rho RT$$

↑　密度は気圧に比例！
↓　気圧の下がり方は密度に比例！

静水圧平衡の関係

$$\frac{dp}{dz} = -\rho g$$

ρ を消去する

$$\frac{1}{p}\frac{dp}{dz} = -\frac{g}{RT}$$

ρ（ロー）：密度

(1) 意味を考えてみよう

公式を使って計算をする前に、方程式の意味を考えてみよう。理科で方程式を使うときには、<u>意味を考えることが重要</u>である。微分の記号には慣れていなければ、微分を差分に置き換えて考えよう。

$$\frac{1}{p}\frac{\Delta p}{\Delta z} = -\frac{g}{RT}$$

両辺に Δz をかけて、次のように書き換えることもできる。

$$\frac{\Delta p}{p} = -\frac{g}{RT}\Delta z \qquad ②$$

<u>まずは左辺から</u>

では、左辺の意味から考えてみよう。たとえば、現在の気圧が 1000

hPa とすると、p =1000[hPa] である。気圧が 1 hPa だけ低下したとすると、Δp =−1[hPa] である。このとき、左辺を計算すると、

$$\frac{\Delta p}{p} = -0.001 = -0.1\%$$

となる。このように計算してみると、左辺は、気圧が低下した割合を表していることがわかる。この例の場合、0.1% 低下することを意味している。

※ 本来は、国際単位系（SI 単位系）を使って、p =100000[Pa]、Δp =−100[Pa] としたほうが望ましいかもしれないが、結果は同じである。

次に右辺

　まず、g は重力加速度とよばれ、g =9.8[m/s^2] である。したがって、物体に働く重力は 1 kg あたり 9.8 N となる。R は乾燥空気の気体定数で、R =287[J/kg K] であった。どちらも定数である。気温 T は絶対温度で表し、0 ℃なら T =273[K] である。実際の大気では、気温は変化するが、計算を簡単にするため、一定の値とみなすことにする。すると、

$$\frac{g}{RT}$$

の部分は、まとめて定数とみなすことができる。実際に計算してみると、

$$\frac{g}{RT} = \frac{9.8}{287 \times 273} \cong 0.0001$$

であり、Δz =10[m] のとき左辺と等しいことが確かめられる。

まとめると…

　もう一度方程式を書き直してみよう。

$$\boxed{\quad \underbrace{\frac{\Delta p}{p}}_{\text{気圧が何\%下がったか}} = \underbrace{-\frac{g}{RT}}_{\text{定数}} \underbrace{\Delta z}_{\text{何m上がったか}} \quad}\quad ②$$

たとえば、10 m だけ上に移動すると、$\Delta z =10$[m] である。右辺の定数の部分は 0.0001 だから、右辺全体を計算すると、

$$-\frac{g}{RT}\Delta z \cong -0.0001 \times 10 = -0.001$$

となる。したがって、

$$\frac{\Delta p}{p} \cong -0.001$$

である。これは、10 m だけ上に移動して $\Delta z =10$[m] とすると、気圧 p が 0.001 倍 =0.1%（もう少し正確に計算すると 0.12%）だけ下がることを意味する。このとき、

- 現在の気圧が 1000 hPa なら、10m につき 1.2 hPa だけ気圧が低下
- 現在の気圧が 900 hPa なら、10m につき 1.08 hPa だけ気圧が低下
    …
- 現在の気圧が 500 hPa なら、10m につき 0.6 hPa だけ気圧が低下

ということになる。気圧が低くなると、それに比例して、気圧の下がり方も小さくなっている。図 2-5 は、このような関係を表している。もう一度見てみよう。

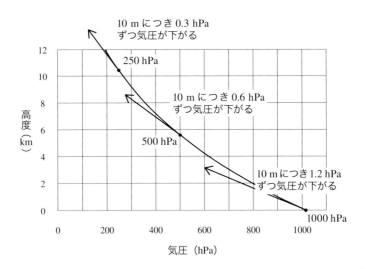

(2) 公式を使って方程式を解いてみよう

 数学の公式を使えば、方程式を解いて、高度 z の値に対応する気圧 p の値を求めることができる。公式といっても、難しいものではなく、高校の理系コースの数学の教科書に出てくるものを使うことにしよう。文系の人にはなじみが薄いかもしれないが、必要な公式だけ、そのつど、どこかから持ってくればよい。公式は<u>覚えることよりも、意味を理解し使えることが重要</u>である。

 今回の場合、解きたい方程式は

$$\frac{1}{p}\frac{dp}{dz} = -\frac{g}{RT} \qquad ①$$

であった。次のような手順で解いていこう。

※実は、微分方程式が

$$(y についての式) \frac{dy}{dx} = (x についての式)$$

という形に書かれているときには、両辺を x で積分することによって、x と y の関係を導くことができる。このような方法を**変数分離**という。① もこの形になっている。

【手順1】両辺を z で積分しよう。
- 積分する、というのは、微分の逆の処理をするという意味である。数式としてみれば、$\int$ と dz で囲むということである。

$$\int \frac{1}{p}\frac{dp}{dz}dz = -\int \frac{g}{RT}dz \qquad ③$$

【手順2】左辺に**置換積分**の公式を適用しよう。

置換積分の公式
$$\int f(x)\frac{dx}{dt}dt = \int f(x)dx$$

- 左辺の dt を約分できるとみてもよいだろう。

これを、いま解こうとしている方程式③の左辺にあてはめると、

$$\int \frac{1}{p}\frac{dp}{dz}dz = \int \frac{dp}{p}$$

となるから、もとの方程式は

$$\int \frac{1}{p}dp = -\int \frac{g}{RT}dz \qquad ④$$

と書き換えることができる。

【手順3】両辺の積分を計算しよう。
　まずは、微分の公式を確認しよう。

> **微分の公式**
>
> $$\frac{d}{dx}(ax) = a$$
>
> $$\frac{d}{dx}(\log_{2.72} x) = \frac{1}{x}$$

1番目の公式は、一次関数を微分したら定数になる、という意味である。2番目の公式は、高校の理系コースの数学で学ぶ内容である。対数を微分して何か意味があるのか、と思われるかもしれないが、理科ではよく使う重要な公式である。

さて、積分は微分の逆の処理であった。上の微分の公式を積分の公式に書き換えると…

> **積分の公式**
>
> $$\int a\,dx = ax + C \quad (C は積分定数)$$
>
> $$\int \frac{1}{x}\,dx = \log_{2.72} x + C \quad (C は積分定数)$$

→**まずは右辺から**

では、右辺から計算しよう。$\frac{g}{RT}$ はまとめて定数だから、1番目の公式を適用して、

$$-\int \frac{g}{RT}\,dz = -\frac{g}{RT} z + C_1 \quad (C_1 は積分定数)$$

となる。

→**次に左辺**

左辺には、2番目の公式を適用する。すると、

$$\int \frac{1}{p}\,dp = \log_{2.72} p + C_2 \quad (C_2 は積分定数)$$

となる。

→まとめると…
　右辺と左辺の計算結果をまとめると、
$$\log_{2.72} p = -\frac{g}{RT}z + C \quad (C \text{ は積分定数})$$
という結果になる。

※ $\log_{2.72} x$ は、$\log x$ と書いたり $\ln x$ と書いたりすることがある。

【手順4】両辺の指数をとろう。　←べき乗を計算するという意味である。
　つまり、2.72 のべき乗を計算する。
$$2.72^{\log_{2.72} p} = 2.72^{-\frac{g}{RT}z + C}$$

→まずは左辺から
$$2.72^{\log_{2.72} p} = p \qquad \text{一般に } a^{\log_a x} = x \text{ である。}$$

→次に右辺
$$2.72^{-\frac{g}{RT}z + C} = 2.72^C \times 2.72^{-\frac{g}{RT}z} = C' \times 2.72^{-\frac{g}{RT}z} \quad (C' = 2.72^C \text{ は正の定数})$$

→まとめると…
$$p = C' \times 2.72^{-\frac{g}{RT}z}$$

となる。2.72 という数は、円周率の $\pi = 3.14\cdots$ と同じように数学的に特別な意味を持った数で、「自然対数の底(てい)」とよばれる。e で表すことが多い。この表し方に従うと、
$$p = C' \times e^{-\frac{g}{RT}z}$$
となる、さらに、e^x を $\exp x$（exp はエクスポーネンシャルとよむ）と

補講A　微分方程式の解き方

表すことにすると、

$$p = C' \exp\left[-\frac{g}{RT}z\right]$$

と書き表すことができる。C' ではわかりにくいので、p_0（気圧の標準値）と書くことにしよう。

$$p = p_0 \exp\left[-\frac{g}{RT}z\right] \qquad ⑤$$

普通は、$p_0 = 1000$[hPa] とする。

※たとえば $\sin x$ や $\cos x$ は三角関数とよばれるが、$\exp x$ は指数関数とよばれる。

⑤の指数関数の中の定数の部分を少し詳しく計算すると、

$$\frac{g}{RT} = \frac{9.8}{287 \times 273} \cong 0.00012 \cong \frac{1}{8000}$$

となる。⑤でこの数値を使って気圧を計算してみよう。

- 高度　　　0 m では、気圧は 1000 hPa
- 高度　　8000 m では、気圧は $1000 \times e^{-1} = \frac{1000}{2.72}$ =368 hPa
- 高度　16000 m では、気圧は $1000 \times e^{-2} = \frac{1000}{2.72^2}$ =135 hPa
  …

8000 m だけ上に移動するごとに、気圧が $\frac{1}{2.72}$ 倍になることがわかる。この 8000 m という値のことを**スケールハイト**とよんでいる。

※「5500 m だけ上に移動するごとに、気圧が $\frac{1}{2}$ 倍になる」といったほうがわかりやすいかもしれない。しかし、自然科学の世界では $e = 2.72$ という数に特別な意味があって、それを基準にして考えることが多い。

(3) 物理的な意味は？

最初の微分方程式を書き換えると、

$$\frac{\text{気圧の減る割合}}{\text{気圧}} \frac{dp/dz}{p} = -\frac{g}{RT} \text{定数}$$

この方程式は、［気圧］と［気圧の減る割合］が比例関係にあることを示している。

- 気圧が 1000 hPa なら、高度 10 m につき 1.20 hPa の割合で気圧が低下
- 気圧が 900 hPa なら、高度 10 m につき 1.08 hPa の割合で気圧が低下
  …
- 気圧が 500 hPa なら、高度 10 m につき 0.60 hPa の割合で気圧が低下
  …

このような関係を表す関数が**指数関数** (exponential function) なのである。

> 指数関数 = 変化の割合が関数の値に比例するような関数

(4) 例題と練習問題

自分で計算の練習をしてみたい人のために、変数分離された微分方程式の例題と練習問題を用意した。余裕のある人は挑戦してほしい。

【例題】

$$x\frac{dy}{dx} - y^2 = 0 \qquad (x \neq 0,\ y \neq 0)$$

解答例：

両辺を xy^2 で割ると、

$$\frac{1}{y^2}\frac{dy}{dx} = \frac{1}{x}$$

両辺を x で積分すると、

$$\int \frac{1}{y^2} dy = \int \frac{1}{x} dx$$

$$-\frac{1}{y} = \ln x + C \quad (C は積分定数)$$

$$y = -\frac{1}{\ln x + C}$$

【練習】自分で解いてみよう。

① $\dfrac{dy}{dx} = \dfrac{y}{x}$ ② $\dfrac{dy}{dx} = -\dfrac{x}{y}$ ③ $x\dfrac{dy}{dx} + y = 0$

$(x>0,\ y>0)$

略解：① $y = cx$, ② $x^2 + y^2 = c$, ③ $xy = c$

第3講

大気の安定度（1）

3.1 乾燥大気の安定度

　大気中を空気塊が上昇すると、周囲の気圧が低下する。このとき、空気塊は**断熱膨張** (adiabatic expansion) するので、周りの空気に対して仕事をした分だけ熱エネルギーが減少し、空気塊の温度は低下する。逆に、空気塊が下降すると**断熱圧縮** (adiabatic compression) されるので、温度は上昇する。飽和に達していない空気塊が断熱的に上昇するときの温度低下の割合を**乾燥断熱減率** (dry adiabatic lapse rate) という。

　ここで、大気の乾燥断熱減率を計算してみよう。大気が理想気体であることを仮定すると、状態方程式は、圧力を p、比容（単位質量あたりの体積）を α、温度を T、気体定数を R として、

$$p\alpha = RT \qquad ①$$

と書けた。乾燥空気に対しては $R = 287$ J/kg K である。一方、熱力学の第1法則（エネルギー保存則）（補講 B を参照）は、内部エネルギーを U、気体に加えた熱を $d'Q$、気体が外部にした仕事を $d'W$ として、

$$d'Q = dU + d'W$$

と表せる。断熱膨張や断熱圧縮を考えているので、$d'Q = 0$ とすると、

$$d'Q = dU + d'W = 0 \qquad ②$$

となる。$U = C_v T$、$d'W = pd\alpha$ とすると、② は

$$d'Q = C_v dT + pd\alpha = 0 \qquad ②'$$

と書くことができる。ただし、C_v は乾燥空気の定積比熱である。

ここで、① の両辺を微分すると、積の微分の公式

$$\{f(x)\,g(x)\}' = f'(x)\,g(x) + f(x)\,g'(x)$$

を用いて、

$$pd\alpha + \alpha dp = RdT$$

となるから、②' は

$$(C_v + R)\,dT - \alpha dp = C_p dT - \alpha dp = 0 \qquad ③$$

と変形できる。ただし、C_p は乾燥空気の定圧比熱であって、$C_p = C_v + R$ が成り立つ。$C_p = 1004$ J/kg K である。

さて、微小変化を高度 z についての微分と考えると、③ は

$$C_p \frac{dT}{dz} - \alpha \frac{dp}{dz} = 0 \qquad ③'$$

と書くことができる。一方、静水圧平衡の関係より、

$$\frac{dp}{dz} = -\rho g \qquad ④$$

が成り立っている。ただし、ρ は気体の密度である。また、g は重力加速度であって、$g = 9.81$ m/s^2 である。ゆえに、③' は

$$C_p \frac{dT}{dz} + g = 0$$

となって†、乾燥大気の断熱減率 Γ_d は

$$\Gamma_d = -\frac{dT}{dz} = \frac{g}{C_p} \qquad ⑤$$

となる。現実の大気においては、乾燥断熱減率は、100 m につき約 1.0 ℃である。

> † 熱力学方程式の中の α は持ち上げた空気塊の密度の逆数であり、一方で、静水圧平衡の式の中の ρ は周りの空気の密度である。通常の大気においては、空気塊を持ち上げるにつれて、空気塊の温度のほうが周りの空気の温度より低くなるので、空気塊の密度と周りの空気の密度との間に差が生じる。したがって、厳密にいえば、$\alpha\rho = 1$ は成り立たなくなるので、持ち上げた空気塊の温度の下がり方も $\Gamma_d = g / C_p$ で一定というわけではない。

① 高等学校の地学で乾燥断熱減率を取り上げる。上記のような理論的な導出は行なわないが、定量的な値を具体的に取り扱う。中学校の第 2 分野では、断熱膨張による気温の低下を定性的に扱う。

3.2 湿潤大気の安定度

飽和に達していない空気塊を断熱的に持ち上げると、乾燥断熱減率に従って温度が低下していくので、ある高度で飽和に達し、水蒸気の凝結が始まる。このときの高度を**凝結高度** (condensation level) という。空気塊がさらに上昇を続けると、水蒸気が凝結するときに凝結熱が放出されて空気塊が暖められるので、温度の低下の割合は乾燥断熱減率よりも小さくなる。このときの温度低下の割合を**湿潤断熱減率** (moist adiabatic lapse rate) という。比較的高温な環境では、湿潤断熱減率は 100 m につき約 0.5 ℃である。

① 高等学校の地学で湿潤断熱減率を取り上げる。定量的な値のほか、乾燥断熱減率との大小関係や、その原因についてもふれる。

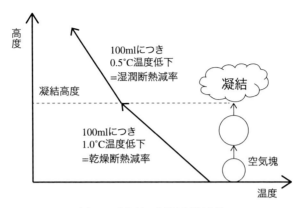

図 3-1：空気塊の上昇と断熱減率

　実際の大気において、高度による温度低下の割合を**温度減率（気温減率）**(temperature lapse rate) という。温度減率が断熱減率よりも大きい場合、大気の状態は不安定であり、雲が発達しやすい。逆に、高度による温度低下の割合が断熱減率よりも小さい場合には、大気の状態は安定である。

　大気の温度減率が湿潤断熱減率よりも小さい場合には、未飽和の空気塊に対しても飽和空気塊に対しても大気の状態は安定である。このような状態を**絶対安定（安定）**(absolute stability) という。逆に、温度減率が乾燥断熱減率よりも大きい場合には、空気塊が未飽和であっても飽和であっても、大気の状態は不安定である。この状態を**絶対不安定（不安定）**(absolute instability) という。また、大気の温度減率が湿潤断熱減率よりも大きく乾燥断熱減率よりも小さい場合には、未飽和の空気塊に対しては安定であるが、飽和空気塊に対しては不安定である。これを**条件つき不安定** (conditional instability) という。実際の大気の温度減率は状況によって異なるが、典型的には下層の大気では 100 m につき約 0.6 ℃である。対流圏（高度約 11 km まで）の大気は条件つき不安定であることが多い。

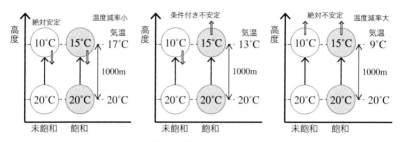

図 3-2：空気塊の鉛直運動と大気の安定度

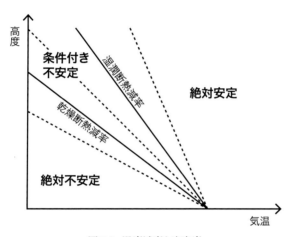

図 3-3：温度減率と安定度

ⓘ 高等学校の地学で、絶対安定、条件つき不安定、絶対不安定について学ぶ。温度減率との関係を整理して理解したい。

　天気予報で「上空に寒気が入って大気の状態が不安定になるでしょう」ということがあるが、以上で説明したような大気の安定度の変化を指していることが多い。

3.3 フェーン現象

　水蒸気を含んだ空気塊が山脈を超えるときの温度変化を考えてみる。はじめ、空気塊は、風上側の山麓から山の斜面に沿って上昇していく。凝結高度に達するまでは、乾燥断熱減率に従って温度が低下していく。凝結高度に達すると、雲が発生し降水をもたらしながら、湿潤断熱減率に従って温度を下げながら山の斜面を上昇していく。やがて空気塊は山頂を越えて風下側の山麓に向かって下降していく。このとき断熱圧縮によって空気塊の温度が上昇するので、空気塊は不飽和となり、乾燥断熱減率に従って温度が上がっていく。この結果、空気塊は、風上側の山麓を出発したときに比べて、降水として失われた分だけ水蒸気が減少し、また、凝結高度より上での湿潤断熱減率と乾燥断熱減率の差の分だけ温度が高くなる。したがって、風下側の山麓に達した空気塊は、高温で乾燥したものになる。このような大気の変質を**フェーン現象** (foehn phenomenon) という。

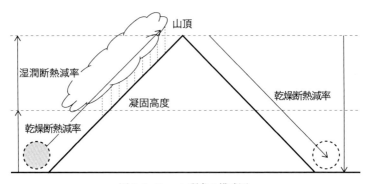

図 3-4：フェーン現象の模式図

　フェーン現象は、台風や低気圧に伴って、本州の日本海側と太平洋側を分ける脊梁山脈を越えて強い南風が吹くときに起こりやすい。この場合、風下に位置する日本海側で、乾燥断熱減率に従って空気が下降してくるので高温になる。

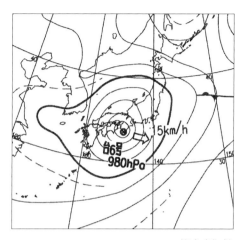

(気象庁作成)
図 3-5：フェーン現象発生時の気圧配置(2011 年 7 月 20 日 9 時)
(このとき、東京の気温は 26.9 ℃、新潟の気温は 33.7 ℃)

① 高等学校の地学でフェーン現象を取り上げる。原理も含めて説明する。

　次の模式図（図 3-6）のように、風上側で上昇気流がみられず、風下側での下降気流のみによって気温が高くなることがある。このようなフェーン現象を**ドライフェーン**(dry foehn) とよぶ。それに対して、風上での上昇気流や水蒸気の凝結を伴うような、典型的なフェーン現象とされているものをウェットフェーン (wet foehn) とよぶことがある。真夏に山沿いの地域で極端な高温が観測されることがあるが、このような猛暑には、ドライフェーンが関係していることも多い。

3.4　逆転層

　一般に対流圏では、気温は高度とともに低下する。しかし、気温が高度とともに高くなる層が出現することがある。これを**逆転層** (inversion layer) という。逆転層は次のように分類できる。

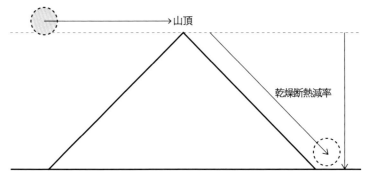

図 3-6：ドライフェーンの模式図

接地逆転層：夜間の放射冷却によって地表面付近の空気が冷やされることで形成される逆転層。寒候季の晴れている夜間に生じやすい。

沈降逆転層：高気圧や寒気の流入によって下降気流が生じたときに、断熱圧縮に伴う昇温によって生じる。寒冷前線の通過後に寒気移流域や移動性高気圧の勢力下に入ったときや、亜熱帯高気圧の覆われているときなどにみられる。

移流逆転層（前線逆転層）：前線に伴って発生する逆転層。冷気の上に暖気が乗り上げたり、暖気の下に冷気が潜りこんだりすることによって形成される。温暖前線の前面（北東側）で観測されることが多い。

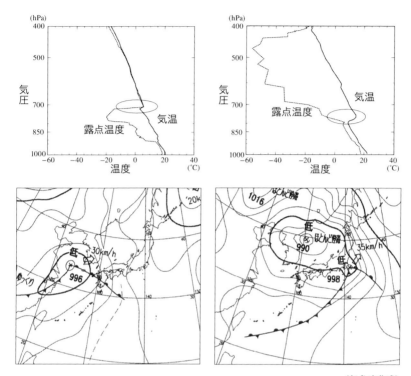

図 3-7：移流逆転層（左）と沈降逆転層（右）の例
（潮岬（和歌山県）での 2010 年 5 月 22 日 21 時と 24 日 21 時の観測データ）

① 高等学校の地学で逆転層を取り上げる。逆転層を接地逆転と上空逆転に分類することがある。この場合、沈降逆転層と移流逆転層をまとめて上空逆転としているが、あまり一般的ではない。

練習問題

問 3-1

標高 0 m で 25 ℃ の空気塊がある。この空気塊が山の斜面に沿って標高 2000 m まで上昇し、山を越えたあと標高 0 m まで下降するとする。凝結高度は 800 m である。上昇するときには、凝結高度より下では乾燥断熱減率、上では湿潤断熱減率に従って温度が低下し、下降するときには、乾燥断熱減率に従って温度が上昇すると考える。標高 0 m まで戻ってきたとき、この空気塊の温度は何 ℃ になるか計算せよ。乾燥断熱減率は 10 ℃/km、湿潤断熱減率は 5 ℃/km とする。

補講 B　熱力学の第 1 法則

(1) 気体が持つ内部エネルギー
　気体分子が持っている運動エネルギーを**内部エネルギー**という。単位質量の気体が持つ内部エネルギー U は、絶対温度 T に比例し、

$$U = C_v T$$

である。したがって、内部エネルギーの変化 ΔU と、温度の変化 ΔT との間には

$$\Delta U = C_v \Delta T \qquad ①$$

が成り立つ。C_v は**定積比熱**といい、体積を一定に保って温度を 1 K だけ上げるときに必要になるエネルギーである。

　ここで、定積比熱 C_v の大きさを計算してみよう。1 辺の長さが l の立方体に閉じ込められた気体を想定する。気体の分子 1 個が壁に 1 回ぶつかるときに与える力（正確には力積）I は、分子の質量 m と速度変化をかけることで求められる。ここでは壁に垂直な速度成分 v_x のみを考える。壁で反射されることで、速度は v_x から $-v_x$ に変化するので、I は

$$I = m \times \{v_x - (-v_x)\} = 2 m v_x$$

と表せる。これは 1 回の衝突によって生じる力積である。1 個の分子が単位時間あたりに壁に衝突する回数は、分子の速度 v_x を、分子が立方体を往復する距離 $2l$ で割って、

$$\frac{v_x}{2l}$$

となる。立方体の中にある分子の個数を N とすると、壁にはたらく力の大きさ F は、1 回の衝突で生じる力積に、1 分子あたりの衝突回数と、

分子の個数をかけて

$$F = 2m\nu_x \times \frac{\nu_x}{2l} \times N = \frac{mN\nu_x^2}{l}$$

と求められる。圧力 p は単位面積あたりの力の大きさだから、F を壁の面積 l^2 で割って、

$$p = \frac{F}{l^2} = \frac{mN\nu_x^2}{l^3} = \rho \nu_x^2$$

となる。理想気体の状態方程式

$$p\alpha = RT$$

を用いると、

$$\frac{RT}{\alpha} = \rho \nu_x^2$$

$$RT = \nu_x^2$$

が得られる。ここで、気体分子が持っている、単位質量あたりの内部エネルギー、つまり運動エネルギーを計算すると、

$$U = \frac{1}{2}\nu^2 = \frac{1}{2}\left(\nu_x^2 + \nu_y^2 + \nu_z^2\right) = \frac{3}{2}RT$$

となる。① と比べると

$$C_\nu = \frac{3}{2}R$$

であることがわかる。これは、ヘリウムやアルゴンのような単原子分子の場合の定積比熱である。常温のもとでは、窒素や酸素のような 2 原子分子の場合、x、y、z 方向への運動のほか、回転の運動の自由度が加わるため、

$$C_\nu = \frac{5}{2}R$$

である。

(2) 気体が行なう仕事

　気体が膨張するときには、外部に向かって「仕事」をする。物理学では、仕事 ΔW とは、力の大きさ F と動いた距離 Δx の積のことである。圧力 p は単位面積あたりの力の大きさであるから、力の大きさ F は圧力 p に面積 S をかければよい。

$$F = pS$$

これに動いた距離 Δx をかければ仕事 ΔW が求められる。

$$\Delta W = F\Delta x = pS\Delta x$$

ここで

$$S\Delta x = \Delta\alpha$$

であるから、気体が外部に向かってした仕事 ΔW は

$$\Delta W = p\Delta\alpha \qquad ②$$

と書ける。

(3) エネルギーの保存

　一般に、気体に加えられた熱 ΔQ は、内部エネルギーの増加 ΔU と、気体がする仕事 ΔW のために使われるので、

$$\Delta Q = \Delta U + \Delta W$$

が成り立つ。これがエネルギー保存則である。①、②を代入すると、

$$\Delta Q = C_v \Delta T + p\Delta\alpha \qquad ③$$

が得られる。微分で表せば、

$$d'Q = C_v dT + pd\alpha \qquad ④$$

である。Qにはdではなくd'がついているのは、気体に加えられる熱は、気体の状態の変化の始点と終点を決めただけでは一意に決まらず、経路に依存するからである。

(4) 定積比熱と定圧比熱

体積$α$ではなく圧力pを一定にして気体に熱を加えた場合の比熱を考えよう。熱を加えると気体は膨張し、仕事をするので、圧力一定のもとでの比熱（定圧比熱）C_pは、体積一定のもとでの比熱（定積比熱）C_vより大きくなる。理想気体の状態方程式

$$pα = RT$$

より、圧力pが一定の場合には

$$p\Delta α = R\Delta T$$

だから、

$$\Delta Q = \Delta U + \Delta W = C_v \Delta T + p\Delta α = C_v \Delta T + R\Delta T = (C_v + R)\Delta T$$

である。したがって、定圧比熱C_pは

$$C_p = C_v + R$$

である。窒素や酸素のような2原子分子の場合、常温では

$$C_v = \frac{5}{2}R$$

だから、

$$C_p = C_v + R = \frac{7}{2}R$$

である。乾燥空気の場合、C_p=1004 J/kg K である。

第4講

大気の安定度（2）

4.1 温位

　水のような、圧力変化による膨張や圧縮がほとんど生じない流体†の場合、鉛直方向の安定度は温度によって評価できる。図 4-1 の左図のように上に行くほど温度が高い場合を考える。水塊を持ち上げた場合、持ち上げられた水塊の温度はまわりの温度よりも低い。このため、水塊の密度はまわりの水よりも大きく、下向きの力を受ける。このように変位に対して復元力がはたらくので、このような温度成層は安定であるといえる。

　一方、図 4-1 の右図のように上に行くほど温度が低い場合には、水塊を持ち上げると、持ち上げられた水塊の温度はまわりの温度よりも高くなり、浮力を受ける。変位をさらに大きくする方向に力がはたらくので、

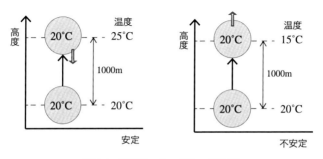

図 4-1：圧縮性のない流体の安定度

このような温度成層は不安定であるといえる。

つまり、圧縮性のない流体の場合、上に行くほど温度が高くなっていれば安定、低くなっていれば不安定である。

†厳密には水にも圧縮性があり、高圧の場合には、圧縮による温度変化を無視できない。

では、圧縮性のある空気の場合はどうであろうか。図 4-2 のように 1000 m 上空で温度が 5 ℃ 低くなっている状況を考える。20 ℃ の空気塊を 1000 m だけ上方に持ち上げると乾燥断熱減率に従って温度が低下し 10 ℃ になる。このため、持ち上げられた空気塊はまわりの空気よりも重くなり、下向きの力を受けることになる。したがって、このような大気の温度成層は安定である。

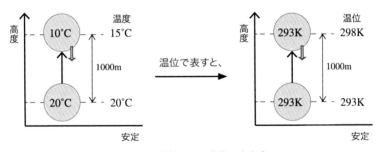

図 4-2：圧縮性のある流体の安定度

このことからわかるように、圧縮性のない場合は鉛直方向に移動しても温度は変化しないが、圧縮性がある場合には変化してしまうので、異なる高度（気圧面）にある空気塊の温度を単純に比較することによって大気の安定度を評価することはできない。そのため、空気塊を断熱膨張・圧縮によって同じ高度（気圧面）に持ってきて温度を比較しなければならない。そこで、断熱膨張・圧縮によって圧力を一定値にそろえたときの温度を、普通の意味での温度に代わる新しい物理量として定義してみよう。そのような物理量を用いると、大気の安定度を直接評価できるの

で有用である。断熱という条件のもとで成り立っている関係式

$$C_p dT - \alpha dp = 0 \qquad ①$$

の両辺を $C_p T$ で割って、さらに理想気体の状態方程式

$$p\alpha = RT$$

を用いることによって変形すると、

$$\frac{dT}{T} - \frac{R}{C_p}\frac{dp}{p} = 0 \qquad ②$$

と書くことができる。一般に

$$\int \frac{1}{x} dx = \log|x| + C \quad (C は積分定数)$$

であることに注意して②の両辺を積分すると、

$$\log T - \frac{R}{C_p} \log p = C'' \quad (C'' は定数) \qquad ③$$

となり、両辺の指数をとると、

$$T \times p^{-\frac{R}{C_p}} = C' \quad (C' は定数) \qquad ④$$

が得られる。ここで、基準となる気圧の値 p_0 を適当に定めれば、

$$T\left(\frac{p}{p_0}\right)^{-\frac{R}{C_p}} = C \quad (C は定数) \qquad ④'$$

と書ける。④'は、断熱という条件のもとでは、左辺が一定であることを示している。したがって、新しい物理量 θ を

$$\theta = T\left(\frac{p}{p_0}\right)^{-\frac{R}{C_p}} \qquad ⑤$$

と定義すれば、θ は断熱変化(断熱圧縮・膨張)に対して保存する(一定に保たれる)量である。この θ を**温位**(potential temperature)という。通常、$p_0 = 1000\,\text{hPa}$ とする。

温位 θ は、断熱変化においては変化せず、また、気圧が p_0 のとき気温と等しくなる。つまり、温位は、断熱変化によって空気塊を基準となる気圧 p_0 まで移動させたときの温度である。同じ気圧面に持ってきたときにどちらの空気塊のほうが軽くなるか比較したいときには温位を用いればよい。

上に行くほど温位が高くなっていれば安定、低くなっていれば不安定である。温度減率が乾燥断熱減率と等しいとき温位は高度によらず一定である。

4.2 エマグラム

エマグラム (emagram) とは、縦軸を気圧 (hPa)、横軸を温度 (℃) として、高層気象観測の結果（気温と露点温度）を表したグラフである。気圧は、対数軸になっていて、上下が反転している。エマグラムは、大気の安定度を定量的に評価するために用いられる。はじめに、高層気象観測で得られた気温の観測値をプロットして実線で結ぶ。次に、露点温度の観測値を同じようにプロットして折れ線で結ぶ。

エマグラムに引いてある斜めの曲線のうち、最も横に寝ている線（図 4-3 では実線）を**乾燥断熱線** (dry adiabat)、やや立っている一点鎖線を**湿潤断熱線** (moist adiabat)、ほぼ鉛直に立っている点線を**等飽和混合比線** (isopleths of saturation mixing ratio) という。乾燥断熱線は、飽和に達していない空気塊の断熱減率（乾燥断熱減率）を表している。乾燥断熱減率は 10 ℃/km 程度の値である。湿潤断熱線は、飽和に達している空気塊の断熱減率（湿潤断熱減率）を表している。湿潤な空気塊は、断熱膨張して温度が低下すると水蒸気が凝結し凝結熱を放出する。このため、湿潤断熱減率は、乾燥断熱減率より小さい。比較的高温な環境では 5 ℃/km 程度の値であるが、低温になると空気中に含まれる水蒸気の量

が減少し、凝結熱の放出による加熱の効果も小さくなるので、乾燥断熱減率に近い値になる。

　エマグラム上のある位置に存在する、未飽和の空気塊を断熱的に持ち上げることを考える。はじめのうち、空気塊の温度は乾燥断熱線に沿って低下し、エマグラム上を左上に移動していく。エマグラム上の空気塊の位置における飽和混合比が、この空気塊の実際の混合比と等しくなったとき、空気塊は飽和に達したことになる。混合比（乾燥空気の質量に対する水蒸気の質量の割合）は凝結していなければ保存する量であるから、空気塊の混合比は、露点温度における等飽和混合比線の値として読み取ることができる。空気塊が飽和に達すると、以後、空気塊の温度は湿潤断熱線に沿って低下していく。

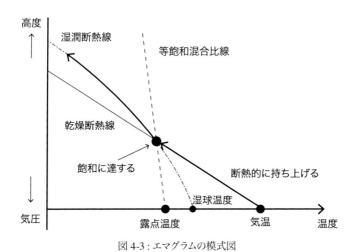

図4-3：エマグラムの模式図

　エマグラム上に、実際に観測された気圧（高度）と気温、露点温度との関係をプロットすれば、大気の安定度を解析することができる。持ち上げた空気塊の温度が、その高度における気温より高い場合には、さらに浮力を受けて上昇しようとするので、大気の状態は不安定である。

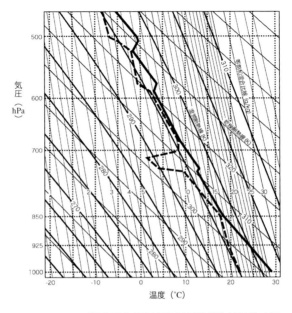

(平成 23 年度第 1 回気象予報士試験(実技 1)より)
図 4-4：エマグラムの例(2010 年 7 月 11 日 21 時、松江)
(実線：気温、破線：露点温度)

4.3 安定度と積雲対流

　現実的な状況として、条件つき不安定の成層のもとで、水蒸気を含んでいるが飽和には達していない空気塊を上方に移動したときの温度変化を考えよう。図 4-5 では、実際の気温分布を状態曲線として実線で描いた。地上付近の空気塊を持ち上げると、点線で示したように、空気塊の温度は乾燥断熱減率に従って低下していき、やがて飽和に達する。このときの高度が**持ち上げ凝結高度**(lifting condensation level; LCL) である。この高度は積雲や積乱雲のような対流性の雲の雲底高度にほぼ対応する。この段階では晴天積雲とよばれるような小さな積雲が発生するが、まだ積乱雲には発達しない。なぜなら、持ち上げられた空気塊の温度が周りの空気の温度よりも低く、浮力を得られないからである。

空気塊がさらに上昇を続けると、湿潤断熱減率に従って温度が下がっていく。条件つき不安定の成層のもとでは周りの空気の温度減率は湿潤断熱減率よりも大きいので、上昇する空気塊の温度はやがて周囲の気温と等しくなる。この高度を**自由対流高度** (level of free convection; LFC) という。この高度を超えて上昇すると、空気塊の温度は周囲の気温よりも高くなるから、外力がなくても浮力によって上昇を続けられるようになる。このようになると雲は急速に発達し始め、短い時間で雄大積雲や積乱雲になる。これが**積雲対流** (cumulus convection) である。

　対流圏の上層では気温減率は小さくなっているから、上昇する空気塊の温度は、やがて周囲の気温に等しくなる。これを中立高度とよぶことがある。中立高度より上では空気塊は浮力を得ることができないから、対流は止まる。理論上、この高度が対流性の雲の雲頂高度に対応する。ただし、実際の積雲対流においては、空気塊は相対的に低温な周りの空気を取り込みながら上昇していくので、雲頂高度はこれよりも低くなることが多い。

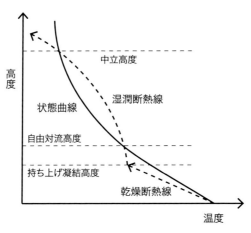

図 4-5：状態曲線と積雲対流

晴天積雲

雄大積雲

積乱雲

(写真提供：武田康男)

図 4-6：雲の発達と積雲対流

　大気の安定度を評価するために、**ショワルター安定指数** (Showalter stability index; SSI) を用いることがある。ショワルター安定指数とは、500 hPa における実際の気温と、850 hPa の高度にある空気塊を断熱的に 500 hPa まで持ち上げたときの空気塊の温度との差として定義される。持ち上げた空気塊の温度のほうが高ければショワルター安定指数は負の値となる。このような場合には、持ち上げた空気塊の温度が周りの空気の温度よりも高いため、浮力によってさらに上昇することになり、大気の状態が不安定であるといえる。理論的には、0 ℃ 未満であれば不安定、0 ℃ より大きければ安定ということになるが、日射による地表付近の昇温などを見込み、+2 ℃ 以下の場合には雷発生に注意が必要であるとされている。

4.4　相当温位

乾燥大気の場合、断熱という条件のもとでは

$$d'Q = C_p dT - \alpha dp = 0$$

が成り立っていて、この関係から温位 θ を定義した。ここでは、水蒸気の凝結を考慮した場合に、温位 θ に代わる保存量を導入する。水蒸気の凝結を考慮すると、熱力学の第 1 法則は、

$$d'Q = C_p dT - \alpha dp = -L dr \qquad ①$$

と書ける。ただし、L は水の凝結熱、r は混合比である。水蒸気が液体の水に変わり混合比が減少するときに凝結熱が生じるので、右辺の符号は負になっている。温位 θ の定義より、

$$d\theta = \frac{\theta}{T} dT - \frac{R\theta}{C_p p} dp$$

だから、

$$C_p T \frac{d\theta}{\theta} = C_p dT - \alpha dp$$

である。これを①に代入すると、

$$C_p T \frac{d\theta}{\theta} = -L dr$$

となって、

$$\frac{d\theta}{\theta} + \frac{L dr}{C_p T} = 0$$

が得られる。混合比 r の変化、つまり水蒸気の凝結は、空気塊が持ち上げ凝結高度に達した直後に集中して生じるので、T を凝結高度における温度とし、$\frac{L}{C_p T}$ は定数と近似できる。両辺を積分すると、

$$\log \theta + \frac{Lr}{C_p T} = C' \quad (C' は定数)$$

両辺の指数をとると、

$$\theta \exp\left(\frac{Lr}{C_p T}\right) = C \quad (C は定数)$$

この関係式は、水蒸気が凝結しても、左辺が一定であることを示している。したがって、新しい物理量 θ_e を

$$\theta_e = \theta \exp\left(\frac{Lr}{C_p T}\right)$$

と定義すれば、θ_e は潜熱（水蒸気の凝結熱）以外の非断熱的な加熱がない限り保存する量である。この θ_e を**相当温位** (equivalent potential temperature) という。T は凝結高度まで持ち上げたときの空気塊の温度である点に注意する。

　下層の大気が湿潤な場合、上に行くほど温位 θ は高くなっているが、相当温位 θ_e は低くなっていることがある。このような状況であっても、水蒸気の凝結が生じなければ大気は安定である。しかし、大気全体が持ち上げられて水蒸気の凝結によって凝結熱（潜熱）が生じると、下のほうの温位 θ が大きくなって不安定になる。このような状態を**対流不安定（ポテンシャル不安定）** (convective instability) という。梅雨期の集中豪雨は、下層に高相当温位の空気が流入することに伴って生じることが多い。図 4-7 のように 850 hPa 面での相当温位の値が 342〜345 K を超えている場合には、集中豪雨が発生する可能性が高いと考えられる。南西風に伴う相当温位の高い高温多湿な領域を**湿舌** (moist tongue) という。

> ① 高等学校の地学では、温位や相当温位にはふれないが、梅雨前線に高温多湿な空気が流れ込むことによって大雨がもたらされることに言及している。

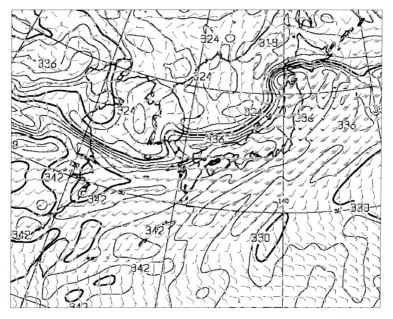

(気象庁作成)

図 4-7 : 850 hPa 面の相当温位（単位は K）（2010 年 7 月 12 日 9 時[†]）

[†] 厳密には 11 日 21 時の観測データから予想した 12 日 9 時の相当温位。観測と同時刻の水蒸気の分布は、数値モデルでは正確には計算しにくいため 12 時間予想値を用いている。

練習問題

問 4-1

以下のような高層気象観測データについて、各気圧面での温位 [K] を計算せよ。0 ℃ は 273.15 K である。また、気体定数と定圧比熱の比は、$\dfrac{R}{C_p} = \dfrac{2}{7}$ としてよい。解答は表で示すこと。

気圧 [hPa]	高度 [m]	気温 [℃]
1000	98	24.5
850	1515	18.3
700	3156	9.9
500	5885	−4.4
300	9722	−28.9

（気象庁のデータより作成）

問 4-2

温位について以下の問いに答えよ。

(1) 温位 θ の定義式を高度 z で微分せよ。ただし、静水圧平衡の関係と理想気体の状態方程式を用いて $\dfrac{dp}{dz}$ や ρ、α を消去し、$\left(\dfrac{p}{p_0}\right)^{-\frac{R}{C_p}}$、$\dfrac{dT}{dz}$、$g$、$C_p$ のみで表せ。

(2) 温位 θ が高度 z によらず一定であるとき、温度の鉛直勾配 $\dfrac{dT}{dz}$ を求めよ。結果を乾燥断熱減率と比較せよ。

問 4-3

フェーン現象に伴う空気塊の温度の変化を考える。平地（高度 A）にある未飽和の空気塊が山の斜面に沿って山頂（高度 B）まで上昇し、その後、反対側の斜面を下降して平地（高度 A）に戻るとする。空気塊は、上昇するときには、未飽和であれば乾燥断熱減率、飽和であれば湿潤断熱減率に従って温度が低下し、下降するときには乾燥断熱減率に従って温度が上昇するものとする。はじめ、高度 A において、空気塊の温度は T、露点温度が T_d であった。この空気塊の温度変化をエマグラム上に図示せよ。山頂を越えて平地に戻ってきたときの温度は T' で示せ。

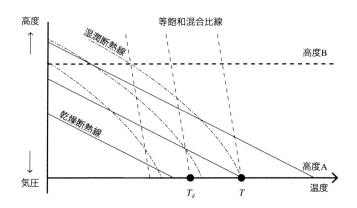

第5講

雲と降水

5.1 雲量と天気

雲量 (cloud amount) とは、全天を 10 としたときの雲に覆われている割合である。まったく雲がなければ雲量は 0、完全に雲に覆われていれば雲量は 10 である。雲量と天気の関係は日本では表 5-1

表 5-1 : 雲量と天気

雲量	天気
0〜1	快晴
2〜8	晴れ
9〜10	くもり

のように決められている。降水など特別な現象がない場合には、雲量によって天気を決める。なお、国際的には 10 分率ではなく 8 分率が使われる。降水などの現象があれば、それを優先する。したがって、日が差しているが雨が降っている状態 (いわゆる「お天気雨」) は「雨」とみなされる。

ⓘ 「雲量」という用語は中学校の理科第 2 分野で導入するが、小学校の理科においても、「雲の量」としてすでに取り上げている。

ⓘ 中学校の理科第 2 分野では、天気の種類として、快晴、晴れ、くもり、雨、

表 5-2 : おもな日本式天気記号

天気	天気記号	天気	天気記号	天気	天気記号
快晴	◯	雪	✳	霧	⬤
晴れ	◐	みぞれ	✲	雷	◒
くもり	◎	あられ	△		
雨	●	ひょう	▲		

雲を天気記号とともに取り扱う。

① 小学校の理科では、雲の量（雲量）が 0 ～ 8 のときは晴れ、9 ～ 10 のときはくもりとしている。

5.2 十種雲形

雲にはさまざまな種類があるが、表 5-3 のように 10 種類に分類することがある。これを十種雲形という。

表 5-3：十種雲形

	雲形	俗称	英語名	記号
上層雲 (5 ～ 13km)	巻雲	すじ雲	cirrus	Ci
	巻積雲	うろこ雲	cirrocumulus	Cc
	巻層雲	うす雲	cirrostratus	Cs
中層雲 (2 ～ 7km)	高積雲	ひつじ雲	altocumulus	Ac
	高層雲	おぼろ雲	altostratus	As
	乱層雲	あま雲	nimbostratus	Ns
下層雲 (～ 2km)	層雲	きり雲	stratus	St
	層積雲	うね雲	stratocumulus	Sc
下層から上層 の雲	積雲	わた雲	cumulus	Cu
	積乱雲	かみなり雲	cumulonimbus	Cb

これらの雲のうち、地上に降水をもたらすのはおもに**乱層雲** (nimbostratus) と**積乱雲** (cumulonimbus) である。乱層雲は持続的な降水を、積乱雲は一時的な強い降水をもたらすことが多い。

巻雲

巻積雲

図 5-1：十種雲形

（写真提供：武田康男）

第 5 講　雲と降水

- ⓘ 中学校理科第2分野で、十種雲形を全体的に取り扱う。単純な丸暗記には意味がないが、出現する高度によって整理しながら理解したい。
- ⓘ 小学校の理科では、十種雲形のうちの一部を取り上げている。降水をもたらす雲として、乱層雲と積乱雲を中心に扱うとよいだろう。

5.3 雲画像

　気象衛星による雲画像には**可視画像** (visible image) と**赤外画像** (infrared image) がある。可視画像は可視光で見た雲のようすを表している。厚い雲ほど白く見える。人間の目で見た雲の状態とよく対応し理解しやすい。ただし、夜間は撮影できない。一方、赤外画像は赤外線で見た雲のようすを表しており、温度の低い場所が白く表現されている。雲頂高度の高い雲ほど白く見える。上層まで発達した積乱雲を識別するときによく使われる。夜間も撮影可能であり、雲の移動を調べるのに便利である。理科の教科書や天気予報では赤外画像が使われることが多い。赤外線で見た温度の低い場所、つまり赤外線の弱い場所を白く表現している点に注意する。

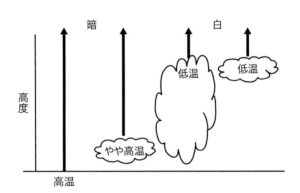

図 5-2：赤外画像の原理

表 5-4：雲の種類と雲画像の見え方

雲の種類	赤外画像	可視画像	形状
積乱雲	白	白	団塊状
上層雲（巻層雲など）	白	灰色	なめらか
下層雲（層雲、層積雲）	暗	白	なめらか

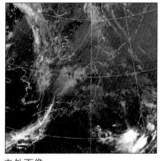
赤外画像

可視画像（左とほぼ同じ領域）

天気図

(2017 年 8 月 11 日 12 時)
（赤外画像と天気図は気象庁作成、可視画像は千葉大学環境リモートセンシング研究センターのウェブページより入手）

図 5-3：赤外画像と可視画像の例

　図 5-3 は、2003 年 8 月 16 日の赤外画像と可視画像である。この年は記録的な冷夏であり、天気図にみられるように、真夏になっても日本付近に前線が停滞している。北海道や東北地方の太平洋沿岸では、「やませ」とよばれる冷たい北東風に伴って、層雲が発生している。可視画像では太平洋沿岸の層雲がはっきりと見えているが、雲頂高度が低いため赤外画像ではほとんど見えない。

- ⓘ 小学校の理科や中学校の理科第 2 分野で雲画像の活用を学ぶ。
- ⓘ 中学校の理科第 2 分野では、赤外画像と可視画像の違いに言及している教科書もある。
- ⓘ 層積雲や層雲のような雲頂の低い雲を赤外画像で見る場合、地上から観察するとくもりであっても、雲画像では白く写っていないことがある。雲画像と天気を比較するときには注意が必要である。

5.4　降水過程

　降水がもたらされるためには、水蒸気が凝結して水滴（雲粒）が形成され、さらに雨粒や雪の結晶に成長しなければならない。未飽和の空気塊が上昇すると乾燥断熱減率に従って温度が低下していく。温度が露点温度を下回ると、水蒸気圧が飽和水蒸気圧よりも大きくなり、飽和に達するので、水蒸気の凝結が始まる。しかし、清浄な大気中では飽和に達してもすぐには凝結が始まらないことがある。これを**過飽和** (supersaturation) という。実際の大気中では、**エアロゾル** (aerosol) が**凝結核** (condensation nuclei) として水蒸気の凝結に重要な役割を果たしている。エアロゾルとは、空気中に浮かぶ細かい塵のことで、大きさはさまざまであるが、典型的には、たとえば 1 〜 10 μm (0.001 〜 0.01 mm) 程度の大きさである。エアロゾルのような凝結核を中心として水蒸気が凝結し、雲粒となって雲を形成する。水蒸気が冷却されて凝結し、雲粒が成長していく過程を**凝結過程** (condensation process) という。凝結過程によって雲粒は直径 0.02 mm 程度まで成長する。それ以後は、雲粒や雨粒の落下速度が大きさによって異なるために、互いに衝突して雨粒が成長する。この過程を**併合過程** (coalescence process) という。併合過程によって雨粒は通常 1 mm 程度、最大で 5 mm 程度まで成長する。

- ⓘ 高等学校の地学では、凝結過程、併合過程という用語は出てこないが、

雲粒や雨粒の成長過程について学ぶことになっている。凝結核についてもふれている。

雨粒の落下速度を考えよう。雨粒には重力、浮力、抵抗力がはたらく。はじめ、雨粒は重力によって下向きに加速されるが、やがて、3つの力がつりあって、一定の速さで落下するようになる。これを終端速度とよぶことがある。このとき、浮力は重力に比べて非常に小さいので、重力と抵抗力がつりあっていると考えてよい。半径 r の雨粒にはたらく重力は、

$$\frac{4}{3}\pi\rho r^3 g$$

である。ただし、ρ は水の密度、g は重力加速度である。一方、雨粒の半径 r が小さく落下速度 V が遅いときには、雨粒が空気から受ける抵抗力は

$$6\pi r \eta V$$

であることが知られている。ただし、η は空気の粘性係数で、1気圧、20℃ のときは、$\eta = 1.8 \times 10^{-5}$ Ns/m^2 である。終端速度に達したときには、両者はつりあうから、

$$6\pi r \eta V = \frac{4}{3}\pi\rho r^3 g$$

である。この方程式を解くと、終端速度は

$$V = \frac{2\rho r^2 g}{9\mu}$$

と求められる。雨粒が大きくなり落下速度が増すと、雨粒の後方に渦ができるなどして、抵抗力はさらに大きくなるため、上の関係式は成り立たなくなる。雨粒は 1〜5 mm 程度まで成長するが、このときの落下速度は実際には、4〜10 m/s 程度である。

表 5-5：雨粒の大きさと終端速度との関係の例

雨粒の直径 [mm]	終端速度 [m/s]
0.02	0.012
0.05	0.075
0.1	0.30
0.2	0.80
0.5	2
1	4
2	7
5	10

(小倉 1999 より)

　雲の中の気温が低い場合には、小さい氷の結晶（氷晶 (ice crystal)）ができることがある。しかし、気温が 0 ℃以下であればすべての水粒子が凍結するというわけではない。水から氷への相変化のきっかけとなる物理的な刺激や小さな氷粒子が存在しないと、**過冷却水滴** (supercooled droplet) として液体のまま存在しうる。実際には、−20 ℃程度まで、条件によっては −40 ℃程度まで、氷晶と過冷却水滴が共存している。

　雲の中の氷粒子は昇華凝結過程によって成長する。これは、水粒子が成長する凝結過程と同様である。しかし、氷粒子は水粒子よりもずっと速く成長する。一般に、水面上の飽和水蒸気圧よりも、氷面上での飽和水蒸気圧のほうが低い。このため、水に対しては未飽和であっても氷に対しては過飽和となる場合がある。このような条件のもとでは、水滴が蒸発し、氷晶の周りには水蒸気が昇華凝結して、氷粒子が効率よく成長する。このようにして成長した氷粒子は雪の結晶となる。

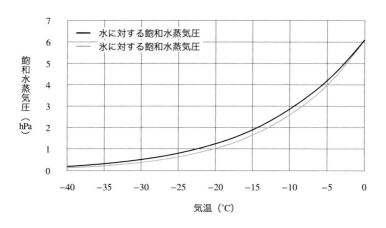

図 5-4：水面と氷面に対する飽和水蒸気圧

雪の結晶の形状は図 5-4 のように、結晶が成長するときの気温と過飽和度によって異なる。全体的な傾向として、過飽和度が高く、氷だけでなく過冷却水に対しても飽和に達している場合には、複雑な結晶構造になることが多い。科学者の中谷宇吉郎 (1900 〜 1962) は「雪は天から送られた手紙である」という言葉を残している。

ⓘ 高等学校の地学では、水に対する飽和水蒸気圧と氷に対する飽和水蒸気圧が異なっていて、この差によって氷粒子が成長することを学ぶ。

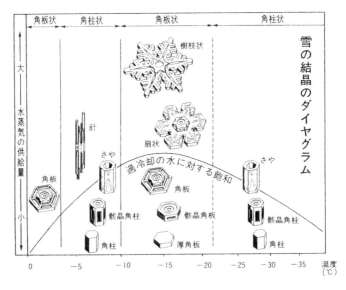

(小林・古川 1991 より)

図 5-5：気温水蒸気量と雪の結晶の形との関係

さらに、氷晶や雪のような氷粒子は、水粒子における併合過程と同様に、過冷却水滴を捕捉したり、氷粒子どうしが衝突したりすることによっても成長し、雪として落下する。雪の結晶どうしが衝突してくっついたものを雪片という。一般に同じ質量であっても、形状に違いにより雨粒よりも雪のほうが空気による抵抗を受けやすいので、落下速度はずっと遅い。

また、上昇気流の強い積乱雲の中には多くの過冷却水滴が存在するが、氷粒子が過冷却水滴を多く捕捉すると、結晶ではなく、不透明な氷の粒が成長する。氷の粒に過冷却水滴が凍りついて大きくなると上昇気流で持ちこたえられなくなって落下する。これを**あられ** (graupel)（直径 5 mm 以上の場合は**ひょう** (hail)）という。**雷** (lightning) の原因は、積乱雲の中であられと氷晶が衝突することによって生じた電荷であると考えられている。したがって、積乱雲の雲頂が氷晶やあられが生じる程度

に低温（およそ −10 ℃ 以下）にならないと雷は発生しない。過冷却水滴を多く含む雲の中を航空機が通過すると、過冷却水滴が機体に着氷し、飛行の安全に悪影響を及ぼす。航空気象においては、過冷却水滴を含む雲には特に注意が必要とされている。

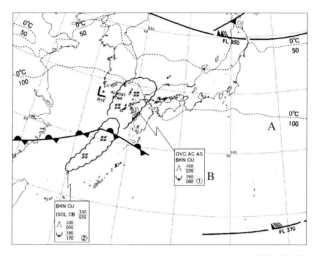

(気象庁作成)

図 5-6：航空気象用の天気図の例 (2018 年 3 月 19 日 9 時)
（A は 0 ℃ 面高度 10000 フィートの等高度線（「100」は 10000 フィートの意味）、B は高度 9000 〜 26000 フィートで着氷に注意が必要であることを示している）

上層に氷晶があって雪が生成されても、下層が高温であれば、落下の途中で融けて**みぞれ** (sleet) や雨になる（みぞれとは、雨と雪が混在している降水のことである）。このようにしてもたらされる雨を**冷たい雨** (cool rain) という。一方、熱帯地方や夏季の中緯度地方では、氷晶を含まない雲から雨が降ることがある。このようにしてもたらされる雨を**暖かい雨** (warm rain) という。

① 高等学校の地学で、暖かい雨と冷たい雨の違いに言及する。

参考 : 雨の強さ

　雨の強さは降水量として表される。降水量は、地表に到達した降水(雨や雪など)が、そのまま地面にとどまった場合に、どの程度の深さになるか示したものである。雪など固体の降水は融解して液体の水に換算する。1時間あたりの量で表すことが多い。雨の強さと雨量（降水量）の値との関係は、次の表のとおりである。

雨の強さ	1 時間雨量
やや強い雨	10 mm 以上
強い雨	20 mm 以上
激しい雨	30 mm 以上
非常に激しい雨	50 mm 以上
猛烈な雨	80 mm 以上

東京地方（多摩西部を除く）では、大雨警報の発表基準は 1 時間雨量 50 mm、3 時間雨量 80 mm、24 時間雨量 150 mm であった。現在では予報技術の進歩により、発表区域が細分化され（おおむね市町村単位）、また、単に雨量だけでなく、土壌中に水分量として貯まっている雨を評価する指標（土壌雨量指数）などを取り入れたものになっているが、上記の雨量は、大雨による重大な災害が起こるおそれの有無の目安になるだろう。

　① 降水量の定義は、中学校の理科第 2 分野で取り扱うことになっている。

練習問題

問 5-1

1 mm の降水があったとき、1 m² の面積に降った降水の質量を答えよ。水の密度は 1000 kg/m³ とする。

問 5-2

10 mm の降水が雪としてもたらされたとき、降雪深は何 cm になるか。ただし、雪の密度は 100 kg/m³ とする。

問 5-3

1000 hPa 面から 850 hPa 面までの比湿の平均が 10 g/kg であるとする。この範囲にある水蒸気がすべて凝結して降水として降ったら、降水量は何 mm になるか計算せよ。静水圧平衡を仮定してよい。ただし、重力加速度は 10 m/s²、水の密度は 1000 kg/m³ とする。

第6講

大気における放射

6.1 熱収支と温室効果

地球が太陽から受ける太陽放射は、おもに可視光（波長 380 〜 770 nm）である（1000 nm=1µm=0.001 mm）。太陽放射の強さは、大気の上端では 1.37 kW/m² 程度である。これを**太陽定数** (solar constant) という。

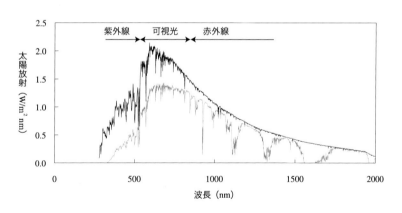

（米国再生可能エネルギー研究所のデータより作成）

図 6-1：太陽放射のスペクトル
（上の曲線は大気の上端、下の曲線は地表での値）

地球の半径を R とすると、地球が太陽放射を受け取る断面積は πR^2 であるのに対して、地球の表面積は $4\pi R^2$ である。したがって、太陽放射を地球の表面全体に平均して分配すると、太陽定数の4分の1である0.34

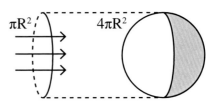

図6-2：断面積と表面積の関係

kW/m^2 程度になる。また、地球に入射した太陽放射のうち、約30%は反射される。この反射率のことを**アルベド** (albedo) という。実際に吸収されるのは、入射した太陽放射のうちの70%程度である。

- ⓘ 高等学校の地学で、太陽放射のスペクトルを学ぶ。可視光が最も強いことと、紫外線や赤外線も含まれることを理解する。
- ⓘ 高等学校の地学では、太陽定数を取り上げ、上に述べた断面積と表面積の関係も学ぶ。また、アルベドという言葉は使わないが、反射率についても触れる。

太陽放射が入射しているにもかかわらず地表や大気の平均温度が安定しているのは、地球が吸収した太陽放射と同じ量のエネルギーが宇宙に向けて放射されているからである。地球から宇宙に向けた放射を**地球放射（長波放射）** (terrestrial radiation; longwave radiation) という。太陽放射（**短波放射**）(shortwave radiation) はおもに**可視光** (visible light) として入射するが、地球放射はおもに**赤外線** (infrared light) として射出される。波長でいうと、10 〜 20 µm 付近で強い。一般に、物体はその温度に応じて電磁波を放射している。このような放射を**黒体放射** (blackbody radiation) とよんでいる。黒体放射の強さ F は、

$$F = \sigma T^4$$

で表される。ただし、T は物体の温度（絶対温度）である。また、σ は

ステファン・ボルツマン定数で、$\sigma = 5.67 \times 10^{-8}$ W/m^{2}K^4 である。この関係を**ステファン・ボルツマンの法則** (Stefan-Boltzmann's law) という。地球放射の強さもステファン・ボルツマンの法則に従っている。地表や大気の平均的な温度は、地球放射の強さが正味で地球が吸収する太陽放射と等しくなるような温度でつりあうことになる。

① 小学校の理科での地面の温度の測定など、遠隔的な温度の測定に用いられる放射温度計は、物体からの黒体放射を測定して物体の表面の温度を求めている。

地球には大気が存在する。地球の大気は、可視光を中心とする太陽放射に対しては透明に近い。しかし、地球大気に含まれる水蒸気や二酸化炭素 (CO_2) などの気体は、赤外線を主とする地球放射に対しては不透明である。これは、水分子や二酸化炭素分子が特定のいくつかの波長帯の赤外線と共鳴して振動し、赤外線のエネルギーを吸収するからである。したがって、地表からの地球放射の多くは直接宇宙に出ていくことができず、地表から宇宙へのエネルギーの放射が妨げられる。さらに、地表から射出された赤外線を吸収した水蒸気や二酸化炭素などの気体は、それ自身がステファン・ボルツマンの法則に従って赤外線を射出する。地表からみると、大気から地表に向けて赤外線が放射されることになる。このため、地表や大気圏の下層の温度は、大気がない場合よりも高くなる。これを**温室効果** (greenhouse effect) という。温室効果を持つ気体を**温室効果ガス** (greenhouse gas) という。温室効果ガスとしては、水蒸気、二酸化炭素、**メタン** (methane)(CH_4)、フロンなどが挙げられる。地球の乾燥大気の主成分である、窒素や酸素は温室効果を持たない。

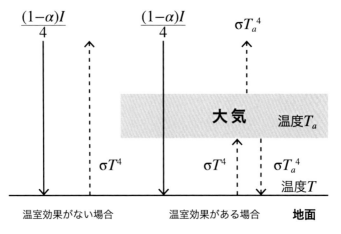

図6-3：温室効果の模式図

　上の図6-3を見ながら、温室効果がない場合の地表面の温度を見積もってみよう。地面に入ってくるエネルギーと地面から出ていくエネルギーの量は等しいから、

$$\frac{1}{4}(1-\alpha)I = \sigma T^4$$

となる。ただし、I は太陽放射の強さ（太陽定数）、α はアルベドである。この式を解くと、

$$T = \sqrt[4]{\frac{(1-\alpha)I}{4\sigma}}$$

が得られる。この温度を**有効放射温度** (effective radiation temperature) という。地球における太陽定数とアルベドの値として、$I=1.37\times10^3$ W/m^2、$\alpha=0.30$ として T の値を計算すると、$T=255$ K となる。これは約 -18 ℃であり、実際の地表の温度と比べるとかなり低い。

　次に、温室効果がある場合を考えてみよう。図6-3のように、大気は太陽放射に対しては透明だが、地球放射に対しては不透明であると仮定する。まず、地面についてエネルギーの収支のつりあいを考えると、

$$\frac{1}{4}(1-\alpha)I + \sigma T_a^4 = \sigma T^4 \qquad ①$$

となる。また、大気についてのエネルギーの収支のつりあいは、

$$\sigma T^4 = 2\sigma T_a^4 \qquad ②$$

と書ける。①を2倍し、②を加えると、T_a が消えて、

$$\frac{1}{2}(1-\alpha)I = \sigma T^4$$

となる。この式を解くと、

$$T = \sqrt[4]{\frac{(1-\alpha)I}{2\sigma}}$$

が得られる。T の値を計算すると、$T=303$ K（約 30 ℃）となり、温室効果を考慮しなかった場合に比べて、かなり高くなることがわかる。このとき、大気の温度 T_a の値は、$T_a=255$ K（約 -18 ℃）である。実際の地球大気においては、高度によって大気の温度は異なり、また、大気と地面は接しているので直接に熱を交換する。これらのことを考慮に入れると、現実の地表付近での気温の平均値が $T=288$ K（約 15 ℃）であることも理解しやすい。この計算は大気を1つの層で代表する単純なものであるが、温室効果の原理をよく表している。

① 高等学校の地学では、温室効果を数式は用いずに定性的な説明によって学ぶことが多いが、上のような定量的な議論を含む教科書もある。なお、ステファン・ボルツマンの法則は、高等学校の地学の気象学の分野では出てこないが、天文学の分野で取り扱う。

地球以外の地球型惑星のうち、金星と火星は二酸化炭素を主成分とする大気を持っている。このうち、金星は、非常に厚い二酸化炭素の大気に覆われ、表面気圧は 90 気圧に達する。このため、温室効果も強く、有効放射温度に比べて平均表面気温が非常に高くなっている。金星は地

表 6-1：惑星の有効放射温度と平均表面温度

	太陽からの平均距離 (天文単位)	太陽放射 (W/m^2)	アルベド	有効放射温度 (°C)	平均表面温度 (°C)	表面気圧 (気圧)	大気の主成分
金星	0.72	2600	0.78	−49	460	90	二酸化炭素
地球	1.00	1370	0.30	−18	15	1	窒素、酸素
火星	1.52	580	0.16	−58	−40	0.006	二酸化炭素
木星	5.20	50	0.73	−185	−140		水素、ヘリウム

(小倉 1999 より)

球よりも太陽に近いにもかかわらず有効放射温度が低いが、これはアルベドが大きいからである。

① 高等学校の地学では、天文学の分野で、金星の表面温度が高い原因として温室効果に言及する。気象学の分野で、温室効果の仕組みをしっかり学んでおきたい。

地球温暖化 (global warming) とは、人為的な要因によって温室効果ガスが増加して温室効果が強化され、地球の平均気温が上昇する現象のことである。温室効果ガスのうち、二酸化炭素は化石燃料の消費によって人為的に放出される。人為的に放出された二酸化炭素のうち半分程度は、陸上の植物や海洋によって吸収され、残り半分が大気中に留まっていると考えられている。メタンは微量成分であるが、単位質量あたりの温室効果が大きく、水蒸気を除けば、二酸化炭素の次に大きい温室効果を生じさせている。メタンは、ツンドラや湿地における有機物の分解によって放出され、また、家畜の吐く息にも含まれている。フロンはオゾン層を破壊する人為起源の物質であるが、温室効果も持っている。一酸化二窒素 (N_2O) も温室効果を持ち、農地などの土壌から放出される。また、対流圏オゾンにも温室効果がある。

表 6-2：人為起源の主要な温室効果ガスの気温上昇に対する寄与率

	温室効果の割合 (%)
二酸化炭素	56
メタン	32
一酸化二窒素	6
フロン類など	6

（IPCC 2013-14 より）

表 6-3: 人為起源の温室効果ガスの排出量の内訳（二酸化炭素換算）

	CO_2 換算排出量の割合 (%)
二酸化炭素	76.0
メタン	15.8
一酸化二窒素	6.2
フロン類など	2.0

（IPCC 2013-14 より）

ⓘ 高等学校の地学では、二酸化炭素だけでなくメタンやフロンにも温室効果があることを学ぶ。

参考 : 大気の吸収スペクトル

大気による赤外線の吸収率は図 6-4 のようになっている。赤外線の中でも波長によって吸収率が異なることがわかる。たとえば、8 〜 12 μm 付近では吸収率が小さく大気の透明度が高い。このような領域を**窓領域** (window region) あるいは**大気の窓** (atmospheric window) という。気象衛星から赤外線で雲を観測するときにはこの付近の波長帯が用いられる。

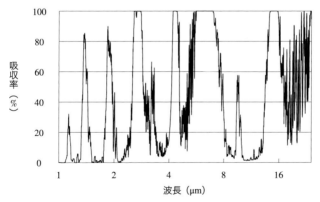

（ジェミニ天文台のデータより作成）

図 6-4：放射に対する地球大気の吸収率の計算例

6.2 大気による散乱

　地球大気には空気分子のほか、エアロゾルとよばれる細かい塵など、さまざまな粒子が浮遊している。一般に、可視光のような電磁波は、大気中に存在する粒子によって散乱される。このため、基本的には大気は可視光に対して透明に近いものの、たとえ晴天であっても、地球大気上端に到達した日射のすべてが地表に直接到達するわけではない。散乱は、次のように3つの種類に分類できる。

レイリー散乱 (Rayleigh scattering)：粒子半径が電磁波の波長より非常に小さい場合。可視光の場合、空気分子による散乱がこれに相当する。散乱の強度は波長の4乗に反比例する。可視光の中では波長の短い青い光のほうがよく散乱される。空が青く見えるのは、レイリー散乱の影響である。また、夕日が赤く見えるのも、レイリー散乱によって青い光が散乱されて弱くなるからである。

ミー散乱 (Mie scattering)：粒子半径が電磁波の波長と同程度の場合。可視光の場合、エアロゾルによる散乱がこれに相当する。散乱の強度は波長によらずほぼ一定である。空気が清浄ではないときに白っぽく見えるのは、ミー散乱の影響である。

幾何光学的散乱 (geometric scattering)：粒子半径が電磁波の波長より非常に大きい場合。可視光の場合、雨粒による散乱がこれに相当する。

　なお、虹や暈（かさ）は、散乱ではなく屈折によって生じている。これらは、光の波長によって屈折率が異なるために、太陽光が色に分かれる現象である。

練習問題

問 6-1

地球の有効放射温度について、以下の問いに答えよ。ただし、地球における太陽定数は 1.37×10^3 W/m^2、アルベドは 0.30 とする。また、ステファン・ボルツマン定数は 5.67×10^{-8} W/m^{2}K^4 とする。0 ℃ は 273.15 K である。

(1) 地球の有効放射温度を小数点第 1 位まで求めよ（単位は ℃）。

(2) アルベドの値を 0.29 に変更して同様の計算を行なえ。

(3) アルベドの値を元に戻したうえで太陽定数を 1% 増やして同様の計算を行なえ。

問 6-2

地面の温度について以下の問いに答えよ。

(1) 地面に入射する太陽放射が 8.0×10^2 W/m^2（太陽定数が 8.0×10^2 W/m^2 であるという意味ではない）、アルベドが 0.30 であるとする。仮に、その地面が射出する黒体放射が、その地面が正味で受け取る太陽放射と等しいとしたら、地面の温度は何 ℃ になるか、小数点第 1 位まで求めよ。ステファン・ボルツマン定数は 5.67×10^{-8} W/m^{2}K^4 とする。0 ℃ は 273.15 K である。

(2) (1) でアルベドを 0.80 にしたら、地面の温度は何 ℃ になるか、小数点第 1 位まで求めよ。

第 7 講

大気の力学 (1)

7.1 コリオリ力の概観

水平面内に気圧の差があると風が吹く原因となる。気圧の差によって空気塊にはたらく力を**気圧傾度力** (pressure gradient force) という。気圧傾度力は等圧線と直角に、高圧側から低圧側に向かってはたらく。しかし、天気図で見られる風向と、等圧線とのなす角は直角ではないことが多い。これは、地球の自転の影響によって、地球上を運動する空気塊に**コリオリ力（転向力、コリオリの力）**(Coriolis force) がはたらくためである。コリオリ力は、北半球では風の吹いていく方向に直角右向きにはたらく。南半球では直角左向きにはたらき、赤道上でははたらかない。

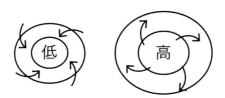

図 7-1 : 低気圧や高気圧の周りの風

コリオリ力の原理は、定性的には次のように説明することが多い。反時計回りに回転している台の上で、A は反対側の B に向かってボールを投げるとする。台は回転しているので、台に乗っていない観測者から見ると、ボールは右にそれて飛んでいく。しかも、B は A から見て左の方向に移動している。このようすを表したのが図 7-2（左）である。

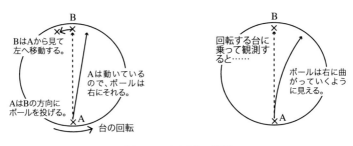

図 7-2：コリオリ力の原理

ここで、観測者が回転している台に乗って同じ実験を観察すると右の図のように見える。ボールは台に乗っていない観測者から見ればまっすぐに飛んでいるにもかかわらず、台に乗っている観測者から見ると、右の方向に曲げられ、まっすぐに飛んでいない。つまり、見かけ上、右方向に力を受けている。この見かけの力がコリオリ力である。

7.2　コリオリ力の計算

以下では、回転台の上で物体が運動したとき、物体にはたらく見かけの力を計算してみよう。回転台は角速度 Ω で回転していて、回転台に乗っている観測者から見た物体の速度ベクトルの動径方向（回転台の中心から遠ざかる方向）の成分を u、接線方向の成分を v とする。

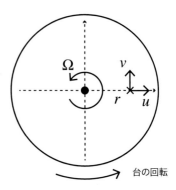

図 7-3：回転台の上での物体の運動

(1) 動径方向に運動する場合

はじめに、動径方向（中心から遠ざかる方向）に物体が運動するときにはたらく見かけの力を計算する。一般に、中心力（中心に向かって引く力や、中心から押す力、つまり動径方向の力）のみがはたらく場合に

は**角運動量** (angular momentum) は一定であることが知られている（補講 C を参照）。角速度 Ω で回転する回転台に乗っている単位質量の物体が持つ角運動量（回転軸のまわりの角運動量）L は、

$$L = rV$$

である。ただし、r は回転軸からの距離、V は慣性系からみた物体の速度ベクトルの接線方向（回転方向）の成分である。回転台に乗っている観測者から見た物体の速度ベクトルの接線方向の成分を v とすると、

$$V = r\Omega + v$$

だから、

$$L = r(r\Omega + v) = r^2\Omega + rv$$

である。角運動量保存則より、L は一定でなければならないから、

$$\frac{d}{dt}(r^2\Omega + rv) = 0$$

が成り立つ。ここで、合成関数の微分の公式 $\frac{dy}{dx} = \frac{dy}{du} \cdot \frac{du}{dx}$ と積の微分の公式 $\{f(x)g(x)\}' = f'(x)g(x) + f(x)g'(x)$ を用いると、上の方程式は

$$2r\left(\frac{d}{dt}r\right)\Omega + \left(\frac{d}{dt}r\right)v + r\frac{d}{dt}v = 0$$

と書くことができる。速度ベクトルの動径方向の成分 u は $u = \frac{d}{dt}r$ だから、

$$(2r\Omega + v)u + r\frac{d}{dt}v = 0$$

となって、

$$\frac{d}{dt}v = -\left(2\Omega + \frac{v}{r}\right)u$$

であることがわかる。地球大気にあてはめて考えると、v/r は、風に伴う自転軸まわりの回転を表している。実際には、地球の自転に伴う回転

に比べて、風に伴う回転はずっと小さいので、無視することができ、

$$\frac{d}{dt}\nu \cong -2\Omega u$$

である。これは、外力がはたらかなくても、動径方向の速度 u があれば、接線方向の速度 ν が時間変化することを示している。つまり、接線方向に見かけの力が生じていると考えられる。単位質量の物体にはたらく見かけの力の大きさ F_ν は、

$$F_\nu = -2\Omega u \qquad ①$$

である。

(2) 接線方向に運動する場合

次に、接線方向に物体が運動するときにはたらく見かけの力を計算する。回転台に乗っている観測者から見て、物体が運動していない場合であっても、慣性系から見れば、物体は速さ $V = r\Omega$ で接線方向に運動しているので、動径方向に遠心力がはたらく。この遠心力の大きさの変化を考えてみよう。

遠心力は、単位時間あたりの周回数が同じなら、運動の速さに比例すると考えられる。たとえば、秒速 20 m/s で運動する物体にはたらく遠心力は、秒速 20 m/s で運動する物体にはたらく遠心力の 2 倍になるであろう。また、運動の速さが同じであっても、単位時間あたりの周回数が多い、つまり、カーブが急であるほど、遠心力は強くなるであろう。たとえば、1 秒につき 2 周する物体にはたらく遠心力は、1 秒につき 1 週する物体にはたらく遠心力の 2 倍になると考えられる。以上の結果をまとめると、遠心力の大きさは、運動の速さ V と、回転の角速度 $\Omega = \dfrac{V}{r}$ に比例するといえる。一般には、遠心力の大きさは

$$F = m \times V \times \frac{V}{r} = m\frac{V^2}{r}$$

(m は物体の質量、r は回転の半径、V は回転運動の速さ)
と表される。

今回の場合に適用すると、単位質量あたりの遠心力の大きさは、
$$F_0 = \frac{(r\Omega)^2}{r} = r\Omega^2$$
である。回転台に乗っている観測者から見て、物体が接線方向に速さ ν で運動している場合を考える。このとき、遠心力は、
$$F_1 = \frac{(r\Omega + \nu)^2}{r} = r\Omega^2 + 2\Omega\nu + \frac{\nu^2}{r}$$
となる。観測者から見て静止していた場合との差は、
$$F' = F_1 - F_0 = r\Omega^2 + 2\Omega\nu + \frac{\nu^2}{r} - r\Omega^2 = 2\Omega\nu + \frac{\nu^2}{r} = \left(2\Omega + \frac{\nu}{r}\right)\nu$$
である。ここでも、風に伴う回転は、地球の自転に伴う回転に比べてずっと小さいので、無視することができ、
$$F' \cong 2\Omega\nu$$
である。これは、外力がはたらかなくても、接線方向の速度成分 ν があれば、動径方向に見かけの力 F_u が生じることを示していて、
$$F_u = 2\Omega\nu \qquad\qquad ②$$
である。

①、②より、回転軸からの距離や運動の方向に関係なく、運動の方向に対して直角右向きに見かけの力がはたらき、その大きさは、回転台の回転角速度と物体の速さとの積であることがわかる。地球の表面で考えるときには、北極であれば、回転台の回転角速度として、地球の自転角速度をそのまま用いることができる[†]。しかし、赤道では、地球の自転軸は、水平面に寝ているので、水平面上での回転はゼロである。一般に、

緯度 ϕ における正味の自転角速度は、$\Omega\sin\phi$ である。したがって、見かけの力は、

$$F_u = fv$$

$$F_v = -fu$$

と書ける。ただし、

$$f = 2\Omega\sin\phi$$

である。この見かけの力がコリオリ力であり、f を**コリオリ係数**(Coriolis coefficient) という。コリオリ力は、運動の方向に対して直角にはたらくので、仕事をせず、物体の速さを変えない。以上では、水平面内でのコリオリ力を考えた。極以外では鉛直流に対してもコリオリ力がはたらくが、通常は、鉛直流は水平流に比べて非常に小さいので、水平面内だけで考えればよい。

① 高等学校の地学で、コリオリ力を取り上げる。原理も含めて定性的に説明する。ただし、定量的な取り扱いはしない。

† 地球の自転角速度の値は、$\Omega=7.29\times10^{-5}$/s である。この値は、$2\pi/(60\times60\times24)$/s ($\fallingdotseq 7.27\times10^{-5}$/s) とは厳密には等しくない。地球は自転と同時に公転もしているため、太陽が南中してから次に南中するまでの時間（平均太陽日）は、宇宙から見た地球の自転周期（平均恒星日）とは一致しないからである。平均恒星時は実際には平均太陽時（$\fallingdotseq$24 時間 0 分）よりも 4 分程度短い。このように、地球の自転角速度の値としては、宇宙（慣性系）から見た地球の自転周期である平均恒星時に対応した値を用いなければならない。

参考 : 角運動量保存則と高低気圧の周りの渦

低気圧の周りで反時計回りに風が吹く仕組みは、コリオリ力を持ち出さずに、角運動量保存則のみを用いて説明することもできる。**角運動量**

とは、中心からの距離と、回転方向の速度との積である。外部から回転する方向に力を加えない限り、角運動量は保存する。これが**角運動量保存則**である。物体が回転の中心に近づくと距離の値が小さくなるので、回転方向の速度の値は大きくなる。ところで、北半球の大気は、地球の自転の効果がはたらくので、仮に地表から見て風速がゼロであったとしても、全体的には反時計回りに回転しているとみなせる。この状況で、空気が中心に向かって移動した場合、中心からの距離が小さくなった分だけ、反時計回りに回転する速度が増すことになる。この速度の増分が、地表から見た反時計回りの渦として観測される。

7.3 地衡風平衡

空気にはたらく正味の力がゼロでない場合には、加速が生じる。したがって、加速がなく定常な状態に達している空気にはたらく正味の力はゼロになっているはずである。上空では地面との摩擦が効かないので、時間変化しない定常な運動をする空気については、気圧傾度力とコリオリ力とのつりあいが成り立っていると考えられる。このように、気圧傾度力とコリオリ力がつりあっている風を**地衡風** (geostrophic wind) という。また、このつりあいを**地衡風平衡** (geostrophic balance) という。図7-4（左）に示したように、地衡風は等圧線に平行に吹く。

図 7-4 : 地衡風（左）と摩擦がある場合の風（右）の模式図

地衡風が成り立っている場合、気圧傾度力の大きさがわかれば、地衡風の強さを計算することができる。そこで、図 7-5 のような微小体積 $\Delta x \Delta y \Delta z$ の空気塊にはたらく x 方向の気圧傾度力を求めてみる。

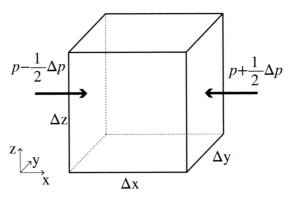

図 7-5：気圧傾度力の模式図

右側の面では、圧力は $p + \frac{1}{2}\Delta p$ だから、右側の面全体では

$$-\left(p + \frac{1}{2}\Delta p\right)\Delta y \Delta z$$

だけの力を受けている。一方、左側の面では、圧力は $p - \frac{1}{2}\Delta p$ だから

$$\left(p - \frac{1}{2}\Delta p\right)\Delta y \Delta z$$

だけの力を受けている。したがって、この空気塊は、正味で

$$-\left(p + \frac{1}{2}\Delta p\right)\Delta y \Delta z + \left(p - \frac{1}{2}\Delta p\right)\Delta y \Delta z = -\Delta p \Delta y \Delta z$$

だけの力を受けることになる。これが気圧傾度力である。単位体積あたりの気圧傾度力は、

$$-\frac{\Delta p \Delta y \Delta z}{\Delta x \Delta y \Delta z} = -\frac{\Delta p}{\Delta x}$$

である。微分で表せば、

$$-\frac{dp}{dx}$$

となる。

一方、空気の密度を ρ、気圧勾配に垂直な風速成分を ν とすると、コリオリ力は、

$$\rho f \nu$$

である。2つの力の和がゼロになればよいから、

$$-\frac{dp}{dx} + \rho f \nu = 0$$

つまり、

$$-\frac{1}{\rho}\frac{dp}{dx} + f\nu = 0 \qquad ③$$

が成り立つ。したがって、

$$\nu = \frac{1}{f\rho}\frac{dp}{dx}$$

である。地衡風の強さは気圧勾配の大きさに比例する。地面との摩擦がきかない上空では、実際に地衡風に近い風が吹くことが多い。

　地面付近では、地面との摩擦の影響により、図7-4（右）のように、高気圧側から低気圧側に向かって風が吹き込むようになる。この場合、気圧傾度力とコリオリ力に摩擦力を加えた3つの力がつりあっている。このような条件のもとでは、図7-1のように、北半球では低気圧に向かって反時計回りに風が吹き込み、高気圧から時計回りに風が吹き出す。

- ① 高等学校の地学では、気圧傾度力、コリオリ力を理解したうえで、両者のつりあいとして、地衡風平衡を扱う。高等学校では、コリオリ力を定量的には扱わないので、地衡風の大きさを計算することはできないが、気圧勾配に比例する点は理解しておきたい。
- ① 高等学校の地学では、地面付近では地面との摩擦の効果により、気圧傾度力、コリオリ力、摩擦力の3つの力のつりあいが成り立っていて、高気圧側から低気圧側に風が吹くことを学ぶ。

7.4 傾度風平衡

地衡風平衡は、気圧傾度力とコリオリ力のつりあいである。低気圧や高気圧の中心付近では、空気は中心の周りを回るように運動をするので、遠心力もはたらく。ここでは、気圧傾度力とコリオリ力に加えて、遠心力を考慮に入れた場合の力のつりあいを考える。

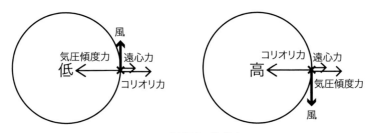

図 7-6：傾度風の模式図

図 7-6 より、低気圧の場合は、気圧傾度力と遠心力が逆向きになっていることがわかる。この 2 つの力の合力とコリオリ力がつりあえばよいので、気圧傾度力が同じであれば、低気圧のほうが風は弱くなる。逆に風の強さが同じであれば、それとつりあう気圧傾度力は低気圧のほうが大きい。

低気圧の周りで、3 つの力のつりあいを定量的に考える。③に遠心力の項をつけ加えると、

$$-\frac{1}{\rho}\frac{dp}{dx} + fv + \frac{v^2}{r} = 0$$

という関係が成り立つ。このように、気圧傾度力とコリオリ力、遠心力がつりあっている風を**傾度風** (gradient wind) という。また、このつりあいを**傾度風平衡** (gradient wind balance) という。傾度風平衡のもとでは、気圧傾度力 F と傾度風の風速 v との関係は、

と書ける。ただし、$F>0$ の場合が低気圧であり、$v>0$ が反時計回り（低気圧性）の風に対応する。この関係式は

$$F = fv + \frac{v^2}{r} = \frac{1}{r}\left(v + \frac{fr}{2}\right)^2 - \frac{f^2 r}{4}$$

と変形することができる。図 7-7 で太い線が傾度風、細い線が地衡風を表している。ゆるやかに気圧偏差を与えながら傾度風を生じさせた場合、実際にとりうる値は実線で示されている範囲だけである。傾度風は低気圧側ではいくらでも強くなりうるが、高気圧側では限界があることがわかる。これは実際の気圧配置において、高気圧の強さには限度があって、極端に強い高気圧は現れないことに関係している。

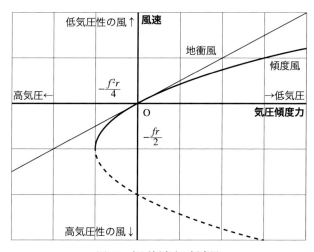

図 7-7 : 気圧傾度力と傾度風

　実際の天気図を見てみよう。図 7-8 では、低気圧の中心付近で等圧線が密集しているが、高気圧の中心付近では等圧線の間隔が広く、気圧勾配が小さいことがわかる。一般に、高気圧に覆われると晴れるだけでなく風も穏やかになることが多いが、このことは遠心力の効果を含めた傾

度風平衡によって説明できる。

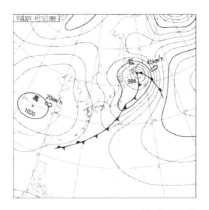

(気象庁作成)

図 7-8：地上天気図の例 (2018 年 4 月 15 日 18 時)

ⓘ 高等学校の地学で、傾度風を取り上げる。気圧傾度力、コリオリ力に加えて、遠心力のつりあいを考慮すると、低気圧と高気圧とで風が非対称になることを定性的に理解する。定量的な計算は扱わない。

練習問題

問 7-1

北緯 35° において、時速 210 km で走行する列車内にいる体重 60 kg の人にはたらくコリオリ力（水平成分のみ）の大きさを有効数字 2 桁で求めよ。ただし、地球の自転角速度を 7.29×10^{-5} /s、$\sin 35° = 0.547$ とする。

問 7-2

地衡風について以下の問いに答えよ。

(1) 北緯 30° において、気圧勾配が 100 km あたり 1 hPa のとき、地衡風の大きさを有効数字 2 桁で求めよ。ただし、地球の自転角速度を 7.29×10^{-5} /s、空気の密度を 1.0 kg/m^3 とする。

(2) (1) と同様の計算を北緯 45° において行なえ。

問 7-3

南半球において、地衡風の模式図（図 7-4）と同様の図を描け（気圧勾配の向きは同じとする）。

問 7-4

地衡風と傾度風について以下の問いに答えよ。

(1) 北緯 30° において、地衡風の風速が 10 m/s であるとする。このとき、気圧勾配は 100 km あたり何 hPa か。有効数字 2 桁で求めよ。ただし、地球の自転角速度を 7.29×10^{-5} /s、空気の密度を 1.0 kg/m^3 とする。

(2) 北緯 30° において、軸対称な構造を持つ低気圧の中心から 500 km の地点で、傾度風の風速が 10 m/s であるとする。このとき、気圧勾配は 100 km あたり何 hPa か。有効数字 2 桁で求めよ。

(3) (2) と同様の計算を、高気圧の場合について行なえ。

補講 C　角運動量保存則

(1) ケプラーの第2法則

　ケプラーの法則 (Kepler's law) は、太陽（中心星）のまわりを公転する惑星の運動に関する法則である。このうち、ケプラーの第2法則は**面積速度一定の法則**ともよばれる。太陽系においては惑星の軌道は円軌道に近いが、楕円軌道を描く小惑星や彗星は、近日点付近では高速で、遠日点付近では低速で運動する。面積速度一定の法則は、このことを定量的に記述した法則である。

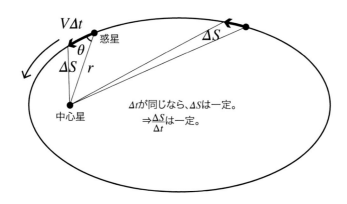

面積速度一定の法則の模式図

ケプラーの法則はニュートン力学から導くことができるが、ここでは、まず、ケプラーの第2法則を観測事実として認識したうえで、理論的な導出を試みる。

参考 : ケプラーの法則

① **楕円軌道の法則**：惑星は中心星を1つの焦点とする楕円軌道を描く。
② **面積速度一定の法則**：中心星と惑星を結ぶ線分は等しい時間に等し

い面積を描く。
③ **調和の法則**：惑星の公転周期の2乗は軌道の長半径の3乗に比例する。

(2) 角運動量の定義

　面積速度一定の法則を参考にして、保存量（時間変化しない量）としての角運動量を定義してみる。惑星の中心星からの距離を r、公転運動の速さを V とおく。さらに、中心星と惑星を結ぶ線分と、公転軌道の接線がなす角を θ とする。このとき、中心星と惑星を結ぶ線分が微小な時間 Δt の間に描く面積は

$$\frac{1}{2} r \times V \Delta t \times \sin \theta$$

である。ここでは、その2倍の値を

$$\Delta S = r \times V \Delta t \times \sin \theta$$

と定義する。このとき、面積速度一定の法則は、

$$\frac{\Delta S}{\Delta t} = rV \sin \theta = 一定 \qquad ①$$

と書ける。そこで、**角運動量** (angular momentum) L を

$$L = mrV \sin \theta \qquad ②$$

と定義する。このように定義した物理量 L は、惑星運動において保存量になっている（時間変化しない）はずである。$V \sin \theta$ は速度ベクトルの回転方向の成分なので、角運動量の物理的な意味は、距離と回転方向の速度（厳密には運動量）成分との積であるといえる。

(3) 角運動量の計算

　②で定義した角運動量 L をベクトルで表すと、

$$L = mrV \sin \theta = m|\vec{r}||\vec{V}|\sin \theta = m|\vec{r}||\vec{V}|\sqrt{1-\cos^2\theta}$$

となる。ここで、

$$\vec{r} \cdot \vec{V} = |\vec{r}||\vec{V}|\cos\theta$$

を用いると、

$$L = m|\vec{r}||\vec{V}|\sqrt{\frac{1-(\vec{r}\cdot\vec{v})^2}{|\vec{r}|^2|\vec{V}|^2}} = m\sqrt{|\vec{r}|^2|\vec{V}|^2-(\vec{r}\cdot\vec{V})^2} \quad ③$$

が得られる。角運動量 L を成分で表すと、

$$L = m\sqrt{|\vec{r}|^2|\vec{V}|^2-(\vec{r}\cdot\vec{V})^2} = m\sqrt{(x^2+y^2)(u^2+v^2)-(xu+yv)^2}$$

$$= m\sqrt{x^2v^2+y^2u^2-2xyuv}$$

$$= m\sqrt{(xv-yu)^2}$$

$$= m|xv-yu| \quad ④$$

となる。④は、外積を用いて、

$$L = m\,|\vec{r}\times\vec{V}|$$

と表すこともできる。ここであらためて、角運動量 L を、符号を含めて

$$L = m\,(xv - yu) = m\vec{r}\times\vec{V} \quad ⑤$$

と定義する。L が正になるのは、たとえば、次の図のような場合である。正の角運動量が反時計回りの回転に対応していることがわかる。

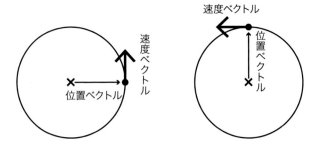

正の角運動量の模式図

(4) 角運動量の時間変化

　角運動量の時間変化を調べてみる。惑星運動の場合、面積速度一定の法則より、角運動量の時間変化はゼロであることが予想される。⑤で定義した角運動量 L の時間微分を計算すると、

$$\frac{d}{dt}L = m\frac{d}{dt}(xv - yu) = m(\dot{x}v + x\dot{v} - \dot{y}u - y\dot{u})$$

となる。ここで、

$$u = \dot{x},\ v = \dot{y}$$

だから、

$$\frac{d}{dt}L = m(uv + x\dot{v} - vu - y\dot{u}) = m(x\dot{v} - y\dot{u}) \qquad ⑥$$

が得られる。角運動量の時間微分が正になるのは、たとえば、次の図のような場合である。

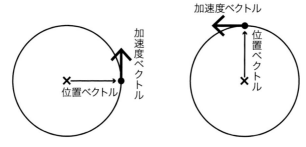

角運動量の時間微分が正の場合の模式図

さて、惑星運動の場合、惑星にはたらく力は万有引力である。万有引力は常に中心星に向かう方向にはたらく。ここでは、惑星にはたらく力が動径方向（中心に向かう方向または中心から遠ざかる方向）の成分だけを持つ場合を考える。このような力を一般に中心力とよぶことがある。中心力ベクトルは位置ベクトルに平行なので、加速度ベクトルも位置ベクトルに平行である。したがって、加速度ベクトル $(\dot{u}, \dot{v})$ は

$$(\dot{u}, \dot{v}) = c(x, y) = (cx, cy) \quad (c は定数)$$

と書ける。これを⑥に代入すると、

$$\frac{d}{dt}L = m\frac{d}{dt}(xv - yu) = m(x\dot{v} - y\dot{u}) = m\{x(cy) - y(cx)\} = 0 \quad ⑦$$

となって、角運動量が時間変化しないことがわかる。これが**角運動量保存則** (the law of conservation of angular momentum) である。角運動量保存則が成り立つのは中心力以外の力がはたらかない場合である。

(5) 3次元空間での角運動量

ここまでは $x-y$ 平面内での運動について角運動量を考えてきた。この場合、角運動量はスカラー量である。3次元空間に拡張した場合には、$x-y$ 平面、$y-z$ 平面、$z-x$ 平面というそれぞれの平面内で角運動量を考えることができる。そこで、角運動量をベクトル量であると考えて、

角運動量の x 成分：y–z 平面上での角運動量
角運動量の y 成分：z–x 平面上での角運動量
角運動量の z 成分：x–y 平面上での角運動量

と定義する。数式で書けば、

$$L_x = m(yw - zv)$$
$$L_y = m(zu - xw) \qquad ⑧$$
$$L_z = m(xv - yu)$$

となる。このように定義された角運動量は、3次元空間でのベクトルの外積を用いて、

$$\vec{L} = m\vec{r} \times \vec{V} \qquad ⑨$$

と書くことができる。物理学においては一般に⑨によって角運動量を定義する。

第 8 講

大気の力学 (2)

8.1 温度風の関係

　中緯度の上空では西風が卓越している。これを**偏西風** (westerly wind) という。上空に行くほど偏西風が強くなっている原因を考えてみよう。まず地上気圧は赤道と極で等しいとする。赤道でも極でも上空に行くほど気圧は低くなるが、気温の高い赤道のほうが空気の密度が低いので、静水圧平衡の関係より、気圧が低下する割合は小さい。このため、上空の気圧は、赤道と極とでは赤道のほうが高くなる。ここで地衡風の関係を用いると、低緯度側で気圧が高い場所では西風が吹くことがわかる。赤道と極の気圧差は上空に行くほど大きくなるので、偏西風も上空に行くほど強くなる。このようにして生じる東西風の鉛直方向の変化（鉛直シア）を**温度風** (thermal wind) といい、南北温度勾配と東西風の鉛直シアとの関係を**温度風の関係** (thermal wind relationship) という。一般に、夏季よりも冬季のほうが、赤道域と極域の温度差が大きくなるので、中緯度の対流圏上部での偏西風は、冬季のほうが強い。

① 高等学校の地学で、温度風に言及する。

　温度風の関係をより一般的にみると、北半球では、上空に行くほど、温度の高い場所を右に見て吹く風が強くなる、ということができる。南半球では、逆に、温度の高い場所を左に見て吹く風が強くなる。このよ

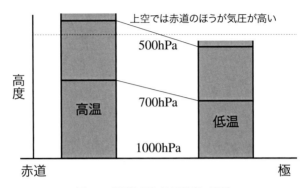

図 8-1：温度勾配と気圧傾度の関係

うな温度風の関係を用いて、温度移流がある場合の、風の鉛直シアを考えてみよう。温度移流とは、風が等温線に平行に吹くのではなく、高温側から低温側に向かって、あるいは低温側から高温側に向かって吹いている場合のことである。前者を暖気移流、後者を寒気移流とよぶ。

まず、北半球において、暖気移流の場合を考える。図 8-2 において風の鉛直シアを考えると、上空に行くほど、等温線に対して平行に、図の右に向かって吹く成分が大きくなっていくので、風向は時計回りに変化する。寒気移流の場合は、この逆で、風向は上空に行くにつれて反時計回りに変化する。この関係は、温度勾配の方向が南北方向ではない場合でも成り立ち、一地点での高層気象観測データから温度移流を判断するときに利用できる。

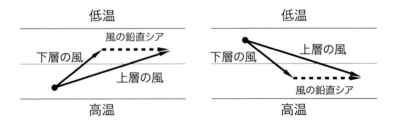

図 8-2：暖気移流時（左）と寒気移流時（右）の温度風の関係

8.2 収束・発散と渦度

地上天気図の低気圧の周りでは、中心に向かって風が吹き込み、空気が集まってくるように見える。逆に、高気圧の周りでは、中心から風が吹き出してくるように見える。このような吹き込みや吹き出しを定量化する方法を考える。低気圧の中心に向かって多量の空気が吹き込めば、それだけ上昇流が強くなる。このように、水平面上での吹き込みや吹き出しは、鉛直流にも関係していて、その定量的な評価は重要である。

図 8-3 のように、微小な面積 $\Delta x \Delta y$ の領域を考える。ただし、東を $+x$、北を $+y$ と定義する。また、領域の中心 $(x, y)=(0, 0)$ では、水平風速が (u_0, v_0) とする。以下では、この領域の端での空気の出入りを考える。まず、東西風 u が x に依存していて、東の境界 $x = +\Delta x/2$ では $u = u_0 + \Delta u/2$ であるとすると、東の境界から出ていく空気は $(u_0 + \Delta u/2) \Delta y$ となる。同じように、西の境界から出ていく空気は $-(u_0 - \Delta u/2) \Delta y$ である。したがって、東西の境界から正味で出ていく空気は $\Delta u \, \Delta y$ である。南北の境界から正味で出ていく空気も同様に考えて $\Delta v \, \Delta x$ である。両者の和を面積 $\Delta x \, \Delta y$ で割ると、

$$\frac{\Delta u \, \Delta y + \Delta v \, \Delta x}{\Delta x \, \Delta y} = \frac{\Delta u}{\Delta x} + \frac{\Delta v}{\Delta y}$$

となる。結局、水平面上での空気の吹き出し D は、微分を用いて、

$$D = \frac{\partial u}{\partial x} + \frac{\partial v}{\partial y}$$

と表すことができる。これを**発散** (divergence) という。負の発散のことを**収束** (convergence) ということがある。

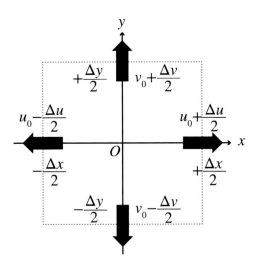

図 8-3：水平風の発散
（$u_0 = v_0 = 0$、$\Delta u > 0$、$\Delta v > 0$ で $D > 0$ の場合）

　地上天気図の低気圧の周りでは、単に風が吹き込むだけでなく、反時計回りの渦が生じている（北半球の場合）。高気圧の周りでは、逆に、時計回りの渦が生じている。ここでは、収束・発散と同じように、渦の度合いの定量化を考える。反時計回りに回転しているとき、南北風 v は $+x$ 方向にいくほど大きくなり ($\Delta v > 0$)、東西風 u は $+y$ 方向にいくほど小さくなる ($\Delta u < 0$) ことがわかる。このことから渦の度合いは、$\Delta v / \Delta x$ と $-\Delta u / \Delta y$ との和で表すことができると考えられる。そこで、**渦度** (vorticity) ξ を

$$\xi = \frac{\partial v}{\partial x} - \frac{\partial u}{\partial y}$$

と定義する。反時計回り（北半球では低気圧性）のときには渦度は正、時計回り（北半球では高気圧性）のときには負になる。

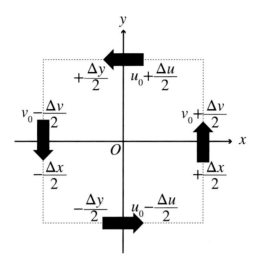

図 8-4：渦度
($u_0 = v_0 = 0$、$\Delta u < 0$、$\Delta v > 0$ で $\xi > 0$ の場合)

地球の自転による回転の効果を考慮に入れて、

$$\zeta = f + \xi = f + \frac{\partial v}{\partial x} - \frac{\partial u}{\partial y}$$

という量を用いることがある。これを**絶対渦度** (absolute vorticity) という。上で定義した渦度 ξ を絶対渦度と区別するため**相対渦度** (relative vorticity) とよぶことがある。

練習問題

問 8-1

下の表 (1)、(2) のような高層気象観測データについて、対流圏下層の温度移流（暖気移流か寒気移流か）を判定せよ。そのように判断した根拠も示せ。なお、風向は 0° が北、90° が東である。

(1) 2007 年 12 月 29 日 21 時　根室

気圧 (hPa)	高度 (m)	気温 (°C)	相対湿度 (%)	風速 (m/s)	風向 (°)
996.5	39	2.2	90	10.1	90
925	637	−1.1	96	27	102
850	1311	−1.2	97	33	135
800	1795	−0.5	96	33	159
700	2860	−3.5	92	22	191
600	4062	−10.8	83	19	214
500	5441	−19.1	89	25	205
400	7061	−30.1	77	37	210

(2) 2007 年 12 月 29 日 21 時　仙台

気圧 (hPa)	高度 (m)	気温 (°C)	相対湿度 (%)	風速 (m/s)	風向 (°)
993.8	44	9.9	73	3.2	340
925	637	6.3	76	9	295
850	1324	1.0	91	12	273
800	1808	−2.2	98	10	258
700	2863	−5.0	74	14	235
600	4058	−11.1	97	23	208
500	5432	−20.7	26	24	214
400	7049	−30.2	59	32	212

(気象庁のデータより作成)

問 8-2

下の図 (1) 〜 (3) のような風の場において、水平面上での発散を求めよ。

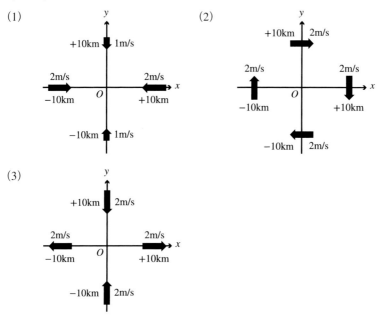

問 8-3

問 8-2 の風の場において、渦度 (相対渦度) を求めよ。

第9講

大気の大循環

9.1 大規模な大気の流れ

　地球全体でみると、赤道付近の空気は加熱され、極付近の空気は冷却されている。しかし、現実の地球大気では、自転の効果があるため、単純に赤道で空気が上昇し極で下降するような循環にはなっていない。経度方向に平均した、緯度-高度断面での循環のことを**子午面循環** (meridional circulation) という。対流圏における子午面循環は、**ハドレー循環** (Hadley circulation)、**フェレル循環** (Ferrel circulation)、**極循環** (polar circulation) の3つの循環から成っている。

　ハドレー循環は赤道での加熱によって生じる循環で、赤道で上昇し亜熱帯で下降する構造をとる。赤道から亜熱帯にかけては、ハドレー循環によって赤道から極側へ熱が輸送されている。一方、中緯度域では、低緯度側で下降、極側で上昇する循環が生じている。これをフェレル循環という。中緯度では偏西風波動によって赤道から極に熱が輸送されているが、フェレル循環は、この偏西風波動を経度方向に平均することによって現れる、見かけの循環である†。さらに高緯度側には、極で下降し中緯度側で上昇する循環が見られるが、これを極循環という。フェレル循環と極循

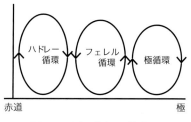

図9-1 : 子午面循環の模式図

環をあわせて**ロスビー循環** (Rossby circulation) とよぶことがある（あまり一般的ではない）。

> †北半球中緯度域の地上天気図をみると、温帯低気圧は発達しながら、真東というよりは北東に進むことが多い。逆に、移動性高気圧は南東に移動することが多い。このため、上昇流域は北に、下降流域は南にずれることになる。これは見かけの循環であるフェレル循環の1つの側面である。

ハドレー循環の上昇気流域に相当する赤道付近では、地表付近では南北から風が収束し、活発な降水が生じている。これを**熱帯収束帯** (intertropical convergence zone; ITCZ) という。一方、ハドレー循環の下降気流域に相当する亜熱帯域では下降気流が生じ乾燥している。これを**亜熱帯高圧帯** (subtropical high pressure belt) という。たとえば、サハラ砂漠は亜熱帯高圧帯に位置している。

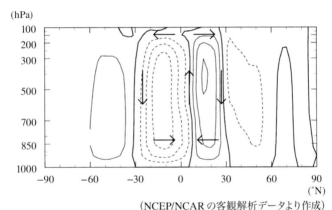

(NCEP/NCAR の客観解析データより作成)
図 9-2：年平均した子午面循環

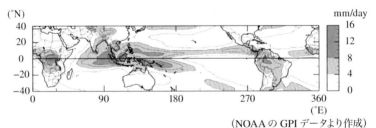

(NOAA の GPI データより作成)
図 9-3：1日あたりの降水量の分布 (年平均)

熱帯、亜熱帯の下層では、熱帯収束帯に向かって風が吹いている。熱帯収束帯に向かう空気はコリオリ力によって西向きに運動するようになる。このため、熱帯収束帯には、北半球側からは北東風、南半球側からは南東風が吹き込んでいる。このような北東または南東風を**貿易風** (trade wind) とよぶ。貿易風は対流圏の下層のみでみられる。一方、上空では赤道から亜熱帯に向かって風が吹き出す。亜熱帯に向かう空気はコリオリ力によって東向きに運動するようになる。こうして偏西風が形成される。このうち、特に強い上空の西風を**ジェット気流** (jet stream) という。偏西風はしばしば南北に蛇行するが、これが偏西風波動であり、温帯低気圧の発生、発達に関係している。

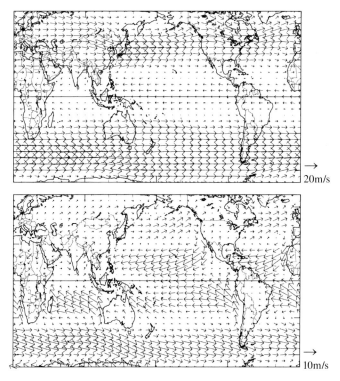

（NCEP/NCAR の客観解析データより作成）

図9-4：500 hPa 面（上）と地上（下）における年平均風速場

第9講　大気の大循環　　131

ジェット気流は**亜熱帯ジェット気流** (subtropical jet stream) と**寒帯前線ジェット気流** (polar-front jet stream) に分けられる。亜熱帯ジェット気流は北緯 30 度付近に比較的安定して存在する。一方、寒帯前線ジェット気流は亜熱帯ジェット気流より高緯度側に位置し、偏西風波動に伴って南北に移動する。変動が大きく不明瞭な場合もある。

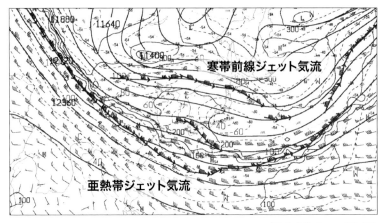

(気象庁作成、一部加筆)

図 9-5：200 hPa 天気図 (2013 年 4 月 5 日 9 時)
(実線は等高度線、矢羽根は風向・風速、矢印は強風軸を表す)

9.2　熱輸送と熱収支

　地球の平均気温はほぼ一定に保たれているので、地球全体でみると、入ってくる熱と出ていく熱は等しいはずである。しかし、緯度ごとにみた場合、入射してくる太陽放射（短波放射）は、赤道域のほうが極域よりも多い。地球から出ていく地球放射（長波放射）も、温度の高い赤道域のほうが多いが、その差は、太陽放射の差に比べると小さい。このため、赤道域では入射のほうが過剰であり、極域では長波放射のほうが過剰である。

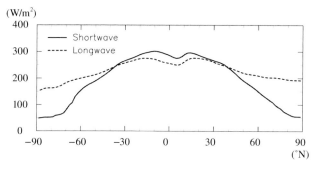

図 9-6：年平均した、大気上端での正味の短波放射と上向き長波放射
（実線は短波放射、点線は長波放射）

　実際の地球の大気、海洋においては、緯度ごとの熱収支を保つように、赤道域から極域への熱輸送が行なわれていると考えられる。

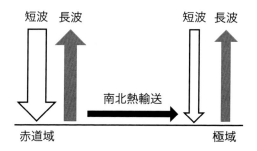

図 9-7：緯度ごとの熱収支と南北熱輸送の模式図

　年平均地表面気温は、南極大陸を除けば、赤道域と極域では 40 ℃ 程度の差がある。仮に南北熱輸送がなく、放射のみによって温度が決まると仮定した場合、温度差は 100 ℃ 程度になる。

　さて、全球で平均した大気の熱収支を考えてみよう。大気上端に入射した短波放射（太陽放射）のうち、アルベドに相当する割合が地表面や雲などによって反射される。反射されなかった分が、正味で入射した短

波放射である。大気は可視光に対しては透明度が高いので、入射した短波放射の多くは、大気を直接加熱するのではなく、地表面（地面や海面）を加熱するために使われる。

　加熱された地表面や大気は長波放射（地球放射）を射出する。地球全体の熱収支を考えると、宇宙へ射出される長波放射は、正味で入射した短波放射に等しいはずである。大気は赤外線に対しては透明度が低いので、地表面からの長波放射の多くは、宇宙に直接は射出されない。逆に、地表面は大気からの長波放射を受ける。このため、地表面は、短波放射だけを受け取る場合と比べて余分に加熱されている。これが温室効果である（6.1節参照）。

　大気は放射だけでなく、加熱された地表面からの加熱も受ける。地表面の温度が大気よりも高いと、表面での熱輸送によって大気が直接加熱される。このようにして輸送される熱のことを**顕熱** (sensible heat) という。一方、地表面から大気へ水蒸気も供給される。水蒸気は大気中で凝結すると、凝結熱を放出して大気を加熱する。したがって、大気に水蒸気を供給することは潜在的に大気を加熱することを意味する。このようにして運ばれる熱を**潜熱** (latent heat) という。全球で平均すると、地表面から大気への熱輸送に対する寄与は、顕熱よりも潜熱のほうが大きい。

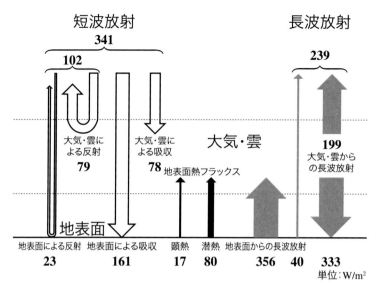

図9-8：全球で平均した熱収支

練習問題

問 9-1

赤道において東西風が 0 m/s であるとする。この空気塊が地球の自転軸まわりの角運動量を保存したまま北緯 20° に移動したら、東西風はどうなるか。風向と風速（有効数字 2 桁）を答えよ。ただし、地球の半径を 6.4×10^6 m、自転角速度を 7.29×10^{-5} /s、cos 20°=0.940 とする。

第 10 講

日本の気象と気候

　第 11、12 講では、いよいよ温帯低気圧や台風の仕組みについて学ぶ。低気圧も台風も日本の天気に大きな影響を与える。ここでは、低気圧や台風を中心に、日本付近の代表的な気圧配置を概観しておこう。

10.1　日本の気圧配置

　中緯度に位置する日本では、季節の変化が明瞭であり、現れやすい気圧配置も季節によって異なっている。そこで、日本付近の天気図に見られる気圧配置を、冬型、気圧の谷型、移動性高気圧型、前線型、夏型、台風型の 6 つに分類して、それぞれの特徴を考えてみよう。

冬型

気圧の谷型

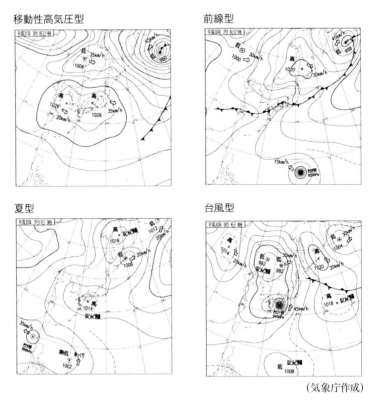

(気象庁作成)

図10-1：日本付近の代表的な気圧配置

(1) 冬型 (西高東低型)

大陸に**シベリア高気圧**、日本の東海上に**アリューシャン低気圧**が見られる気圧配置である。この気圧配置は、おもに冬季に現れる。

冬季には、海洋に比べて熱容量の小さい大陸は特に冷やされる。冷やされた空気は重いので、大陸は高気圧となる。このようにして形成された高気圧がシベリア高気圧である。逆に、相対的に温度の高い太平洋は低気圧になる。これがアリューシャン低気圧である。この気圧配置が現れると、大陸のシベリア高気圧から寒気が吹き出し、日本付近では北西

季節風が吹く。寒気はもともと乾燥している。しかし、日本海上を通るときに多量の水蒸気を含み、日本海側の地方に大雪をもたらす。一方で、太平洋側では乾燥した晴天が続く。日本海上で発生した雪雲は、雲画像では筋状の雲として見ることができる（図10-2）。

（気象庁作成、一部加筆）

図10-2：冬型の気圧配置

(2) 気圧の谷型

　この気圧配置は、温帯低気圧が日本を通過するときに見られる。春や秋に多いが冬季にも現れる。低気圧が日本海を通過する場合には**日本海低気圧**、日本の南岸を通過する場合には**南岸低気圧**とよばれる。また、日本海と南岸の両方に低気圧が見られるときには、**二つ玉低気圧**とよぶことがある（図10-3）。

　日本海低気圧の場合には、全国的に荒れた天気となることが多い。低気圧の進路の南側では、低気圧に向かって南風が吹き込むので、通過前から通過時にかけて暖気が流入する。**春一番**はこのような気圧配置のときに吹くことが多い。一方、南岸低気圧の場合には、日本の南岸を中心に降水がもたらされる。冬季に南岸低気圧が通過すると、関東地方では北から寒気が流入し、大雪が降ることがある。

日本海低気圧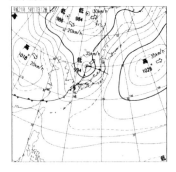

南岸低気圧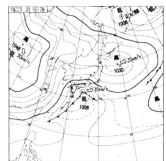

二つ玉低気圧

(気象庁作成)

図10-3：気圧の谷型の気圧配置

(3) 移動性高気圧型

　全国的に移動性高気圧に覆われているような気圧配置である。春や秋に多く見られる。高気圧に覆われているので、全国的に晴れて、おだやかな天気になることが多い。高気圧の中心が北日本を通る場合には、東日本や西日本の太平洋側では雲が多くなることもある。一方で、高気圧の中心が本州や日本の南海上を通る場合には全国的によく晴れる傾向がある。一般に高気圧の後面よりも前面のほうが晴れやすい。移動性高気圧が帯状に連なっていると晴天が長続きする。このような高気圧を**帯状高気圧**という。

北日本を通る場合　　　　日本の南海上を通る場合

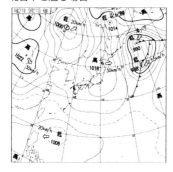

帯状高気圧

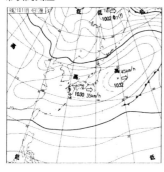

(気象庁作成)

図10-4：移動性高気圧型の気圧配置

(4) 前線型

　この気圧配置は、日本付近に前線が停滞しているときに見られる。梅雨期や秋雨期に現れる。ぐずついた天気になることが多い。前線の北側では低温、南側では高温になる傾向がある。梅雨期に日本付近に停滞する前線を**梅雨前線**という。梅雨前線は季節の進行とともに北上していく。梅雨末期には、梅雨前線に向かって南西から高温多湿な空気が流れ込み（**湿舌**）、大雨になることがある。また、秋雨期に日本付近に停滞する前線を**秋雨前線**という。

(5) 夏型（南高北低型）

　日本の南や東から**太平洋高気圧（北太平洋高気圧）**に覆われる気圧配置である。この気圧配置は、おもに夏季に見られる。

　夏季には、大陸に比べて熱容量の大きい海洋は相対的に低温である。このため、海洋上に高気圧が形成される。このようにして北太平洋上に形成された高気圧が太平洋高気圧である。逆に、温度の高い大陸は低気圧になる。この気圧配置が現れると、日本には弱い南東風がもたらされ、晴れて蒸し暑くなる。強い日射によって雷が発生することもある。

(6) 台風型
　台風が日本に接近または上陸しているような気圧配置のことである。8〜9月に多く見られる。台風は太平洋高気圧のへりに沿って北上してくることが多い。特に台風に近い場所では、強風や大雨になりやすい。

10.2　日本周辺の気団

　日本は、中緯度に位置し、大陸と海洋の境目でもあるので、さまざまな**気団 (air mass)** の影響を受ける。気団とは、広い領域で同じ性質を持った空気のことである。一般には、高緯度の空気は寒冷で、低緯度の空気は温暖である。また、大陸上の空気は乾燥し、海洋上の空気は湿潤である。このような緯度や海陸の違いによって、気団の性質に違いが生じる。ある気団は、対応する特定の気圧配置に伴って日本に運ばれてくることも多い。ここでは、日本の気候に影響を与える気団の特徴を、気圧配置とともに整理してみる。

(1) シベリア気団
寒冷で乾燥した大陸性の気団。冬型の気圧配置のときに、シベリア高気圧によってもたらされる。日本海上を通るときに変質を受けて湿潤にな

るので、日本海側に大雪が降ることがある。

(2) オホーツク海気団
冷涼で湿潤な海洋性の気団。梅雨期や秋雨期に現れることが多い。オホーツク海高気圧に伴って、日本付近に冷湿な天候をもたらす。梅雨前線や秋雨前線は、オホーツク海高気圧と、(4)で述べる小笠原気団との境目に形成される前線である。東北地方の太平洋側に**やませ**という冷たい北東風をもたらし、冷害を発生させることがある。

(3) 揚子江気団
温暖で乾燥した大陸性の気団。おもに春や秋に移動性高気圧によって運ばれてくる。この気団がやってくると、乾燥した晴天になる。

(4) 小笠原気団
高温多湿な海洋性の気団。夏型の気圧配置のときに、太平洋高気圧によってもたらされる。日本は、晴れて蒸し暑い天候になる。

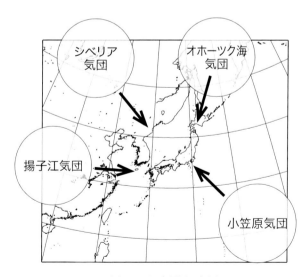

図10-5：日本周辺の気団

第 11 講

温帯低気圧と傾圧不安定

11.1 低気圧と高気圧

低気圧 (cyclone) とは周囲より気圧の低いところ、高気圧 (anticyclone) とは周囲より気圧の高いところのことである。等圧線 (isobar) とは天気図上で気圧の等しい場所を結んだ線であるが、低気圧や高気圧の周りでは等圧線は閉じている。北半球の場合、低気圧の周りでは風が反時計回りに吹き込み、高気圧の周りでは時計回りに吹き出す。このように回転成分が生じるのはコリオリ力の影響である (7.1 節参照)。一般に、低気圧の付近では上昇気流が生じて雨雲が発達しやすい。逆に、高気圧に覆われると下降気流が生じて雲が発生しにくい。

11.2 温帯低気圧と前線

一般に高緯度の空気は寒冷で、低緯度の空気は温暖であることが多い。また大陸上の空気は乾燥していて、海洋上の空気は湿潤であることも多い。同じ性質を持った空気のことを気団とよんでいる。前線面 (frontal surface) は異なった気団の境界のことであり、前線面が地表に接している場所を前線 (front) という。前線面では暖かい空気が上昇し雲が発生しやすい。

温帯低気圧 (extratropical cyclone) は、南北温度勾配のある中緯度域で

発生する低気圧で、前線を伴うことが多い。中緯度域では、上空に偏西風とよばれる西風が吹いているが、温帯低気圧は、**偏西風波動** (westerly wave) に伴って発生する。一般に、温帯低気圧は偏西風に乗って西から東へ移動する。温帯低気圧の典型的なライフサイクルは図 11-1 のようになっている。

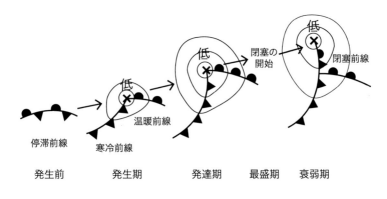

図 11-1：温帯低気圧のライフサイクル

温帯低気圧は**停滞前線** (stationary front) 上で発生することが多い。停滞前線は、寒気と暖気が同じ程度の勢力でぶつかっている場所である。前線上で低気圧が発生すると、低気圧の東側では南よりの風が吹き、暖気の勢力のほうが強くなる。このような前線のことを**温暖前線** (warm front) という。一方、低気圧の西側では北よりの風が卓越し、寒気の勢力のほうが強くなる。このような前線を**寒冷前線** (cold front) とよぶ。温帯低気圧は温暖前線と寒冷前線を伴いながら発達する。温暖前線は暖気の勢力のほうが強いので北に、寒冷前線は寒気の勢力のほうが強いので南あるいは南東に移動する。ここで温暖前線よりも寒冷前線の移動のほうが速いことが多いので、やがて寒冷前線は温暖前線に追いつく。こうしてできる前線が**閉塞前線** (occluded front) である。

図 11-2 に見られるように、温暖前線付近では南から暖気が流入し、

前線面に沿って広い範囲で比較的緩やかな上昇気流が生じている。このため、前線の東側では巻雲 (cirrus) や巻層雲 (cirrostratus) などの比較的薄い上層雲が生じることが多い。前線付近では、高層雲 (altostratus) などのやや厚い雲や乱層雲が発生しやすく、広い範囲で持続的な降水がもたらされる（十種雲形については 5.2 節を参照）。温暖前線が通過すると気温は上昇するが、昇温が明瞭でないこともある。一方、寒冷前線付近では北から寒気が進入し暖気の下に潜り込んでいるので、前線付近の狭い範囲で強い上昇気流が生じる。このため寒冷前線付近では積乱雲が発達し、狭い範囲で短時間に強い降水が生じる。図 11-3 に示すように、通過後には北寄りの風が吹き、気温が急激に低下することが多い。

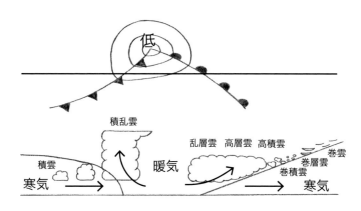

図 11-2：温帯低気圧の断面

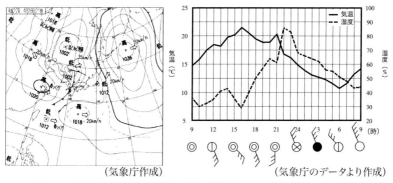

図 11-3：寒冷前線の通過と天気の変化（鹿児島、2010 年 4 月 28 〜 29 日）

第 11 講　温帯低気圧と傾圧不安定

ⓘ 小学校の理科で、低気圧の接近、通過に伴う雲の量や種類の変化を学ぶ。低気圧の接近してくるときの雲の変化は、

　　薄い雲（上層雲）→やや厚い雲（乱層雲以外の中層雲）→乱層雲

という流れに従って整理するとよい。観察を通して教えることが望まれる。

ⓘ 小学校や中学校の理科で雲の動きを観察すると、低い高度の雲については、低気圧の東側では南西から北東へ、西側では北西から南東へ移動していることがわかる場合がある。低気圧の通過の前後での風や温度の変化とあわせて理解できるとよい。

ⓘ 小学校の理科においては気温の日変化を測定するが、温帯低気圧や前線の通過に伴う温度変化は中学校の理科第2分野で取り扱う。

　温帯低気圧は春や秋によく見られる。図11-4のように、春や秋には、**温帯低気圧**や**移動性高気圧** (migratory anticyclone) が交互に通過することによって、天気が西から東へ周期的に変化することが多い。

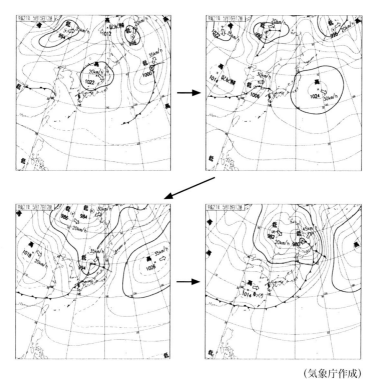

(気象庁作成)

図11-4：温帯低気圧の移動の例

ⓘ 小学校の理科では天気図や低気圧、高気圧を明示的には取り上げない。しかし、雲画像などを用いて天気が西から東へ変わることを教えており、実質的には温帯低気圧を取り扱っている。

11.3 温帯低気圧の鉛直構造と傾圧不安定

　温帯低気圧の発生、発達をもたらす偏西風波動は、**傾圧不安定**(baroclinic instability)とよばれる仕組みによって生じている。低緯度と高緯度の温度差が大きくなると、温度風の関係により上空に非常に強い偏西風が吹くようになる。しかし、このような状態は安定ではな

く、偏西風は波を打ち、蛇行するようになる。この波が**傾圧不安定波**(baroclinic wave) である。

> ⓘ 学術的には偏西風波動というよりは傾圧不安定波という言葉のほうがよく使われる。

以下では、傾圧不安定波の構造を調べてみよう。一般に、北半球の上空においては北に行くほど等圧面高度は低くなっている。このため、偏西風が南に蛇行している場所、つまり、等高度線が南にはり出している場所では、周囲と比べて等圧面高度が低くなっている。これを**気圧の谷（トラフ trough）**という。逆に、等高度線が北にはり出している場所では等圧面高度が高くなっていて、これを**気圧の尾根（リッジ ridge）**という。気圧の谷は気圧が低い場所であり、地上における温帯低気圧に対応する。同様に、気圧の尾根は移動性高気圧に対応する。気圧の谷と尾根が西から東に移動するのに伴って、温帯低気圧や移動性高気圧も東に移動していく。

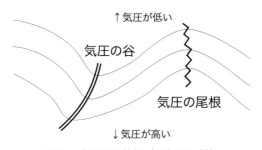

図 11-5：偏西風の蛇行と気圧の谷・尾根

> ⓘ 気圧の谷という言葉は天気予報でもしばしば耳にするが、気圧の谷、尾根という言葉や、偏西風波動は、高等学校の地学で扱う内容である。

北半球では、気圧の谷（低気圧）の前面（東側）では南よりの風、後面（西

側）では北より風が吹く。傾圧不安定が有効に作用し温帯低気圧が発達するような環境下では、南北温度勾配が大きく、赤道側で高温、極側で低温となっている。このため、気圧の谷の東側では暖気移流により正の温度偏差、西側では寒気移流により負の温度偏差が生じる。ここで、静水圧平衡の関係を考えると、同じ高度差でも、温度の高い東側では気圧の低下幅が小さく、逆に西側では気圧の低下幅が大きくなる。したがって、上空に行くにつれて、気圧の谷は西側にずれていく。

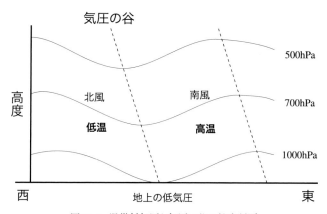

図 11-6：温帯低気圧と気圧の谷の鉛直断面

　このような気圧の谷の傾きと傾圧不安定波の増幅との関係を図を用いて模式的に考えてみよう（図 11-7）。まず、下層の低気圧が上層の低気圧や高気圧に与える影響に着目する。下層の低気圧の東側では南風が吹くので暖気移流が生じて（図中の①）、大気は高温になる（図中の②）。一方、下層の低気圧の西側では北風が吹くので寒気移流が生じて、大気は低温になる。静水圧平衡を考えると、高温偏差は上層に高気圧を、低温偏差は上層に低気圧を作ろうとする（図中の③）。気圧の谷や尾根が傾いていることを考慮すると、上層に高気圧のある場所で、高温偏差が上層の高気圧を強化していて、上層に低気圧のある場所で、低温偏差が

上層の低気圧を強化していることがわかる。つまり、下層の低気圧は、上層の高気圧や低気圧をより強めようとしている。下層の高気圧も同様に上層の気圧偏差を強めようとする。逆に、上層の低気圧や高気圧が下層の低気圧や高気圧を強化していることも、同様の考察によって示される。結局のところ、下層の高気圧・低気圧と、上層の高気圧・低気圧は、互いに相手を強化しあっていることになる。これが傾圧不安定の原理である。

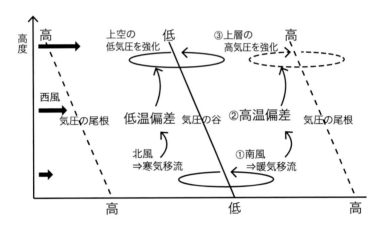

図 11-7：傾圧不安定の原理

一般に、天気図上において、発達する温帯低気圧には以下のような特徴が見られる。

① 上空に行くほど気圧の谷が西にずれている。
   （地上天気図と 500 hPa 天気図）
② 低気圧の前面で暖気移流、後面で寒気移流が生じている。
   （850 hPa 天気図）
③ 低気圧の前面で上昇流、後面で下降流が生じている。
   （700 hPa 鉛直流解析図）

これらの特徴は、南北温度勾配のある環境の中に、低気圧性の循環が存在すると必然的に生じるものである。実は、温帯低気圧のエネルギー源は南北温度勾配にともなう**有効位置エネルギー**(available potential energy)（位置エネルギーの差）であって、発達のためには南北温度勾配が本質的に必要である。逆に、気圧の谷の傾きや、温度移流、鉛直流がみられなくなった温帯低気圧は、それ以上は発達しないで衰弱していくことが多い。

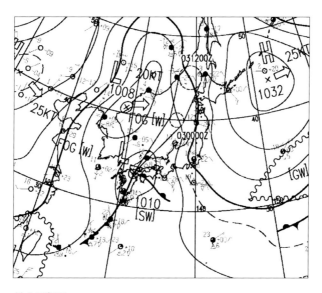

地上天気図

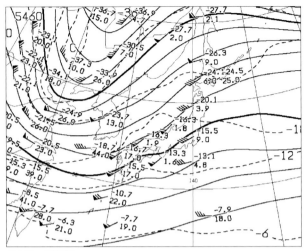

500 hPa 天気図
実線は等高度線 (60 m ごと)、点線は等温線 (6 ℃ ごと)、矢羽根は風向・風速、上の数字は気温 (℃)、下の数字は湿数 (℃)

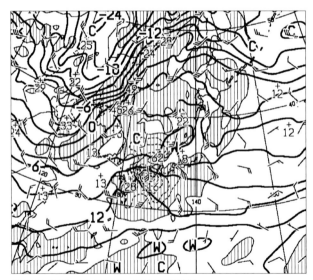

850 hPa 気温・風、700 hPa 鉛直流解析図
太実線は等温線 (3 ℃ ごと)、細線は鉛直流 (hPa/h)、上昇流域に網かけ

(気象庁作成)

図 11-8：温帯低気圧通過時の天気図 (2010 年 12 月 2 日 21 時)
(上から、「地上天気図」、「500 hPa 天気図」、「850 hPa 気温・風、700 hPa 鉛直流解析図」)

前線を含めた温帯低気圧の鉛直構造の特徴は、1 地点の高層気象観測データを用いて捉えることもできる。温帯低気圧の周辺における高層気象観測データには以下のような特徴が見られることが多い。

- 温暖前線の前面においては、暖気移流に伴い、上空に行くにつれて風向が時計回りに変化する。また、温暖前線面が前線逆転層として見られることがある。前線逆転層の上方は乱層雲のような雲ができていて飽和に近い。
- 逆に、寒冷前線の後面においては、寒気移流に伴い、上空に行くにつれて風向が反時計回りに変化する。また、寒気内の下降気流に伴って沈降逆転層が見られることがある。沈降逆転層の上方は下降気流が生じていて乾燥している。

練習問題

問 11-1

温帯低気圧が北緯 30°の緯度線上を、時速 40 km の速さで東に進んでいるとする。1 日で経度にして何度東へ進むか。1 の位まで求めよ。ただし、地球の子午線（地表面上で北極と南極を結ぶ線）の長さは 20000 km とする。また、cos 30°=0.87 としてよい。

問 11-2

下に示した連続する 3 日間（2011 年 11 月 22 〜 24 日 9 時）の地上天気図 3 枚に対応する高層天気図（500 hPa 天気図）をそれぞれア〜エの中から選べ。高層天気図においては、実線は等高度線、破線は等温線である。また、観測地点の矢羽根は風向・風速、上の数字は気温、下の数字は湿数を表す。

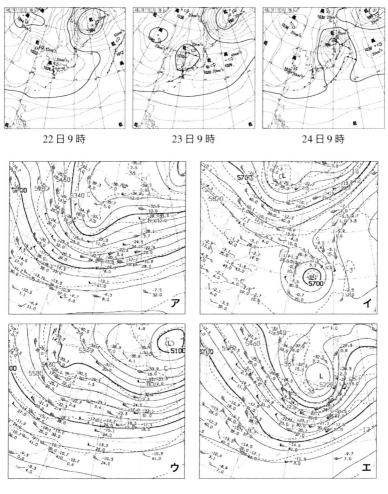

（気象庁作成）

問 11-3

温帯低気圧通過時（2010年5月22〜24日21時）の地上天気図3枚に対応する、潮岬（和歌山県、紀伊半島の先端）における高層気象観測データをそれぞれア〜ウの中から選べ。実線は気温、破線は露点温度である。

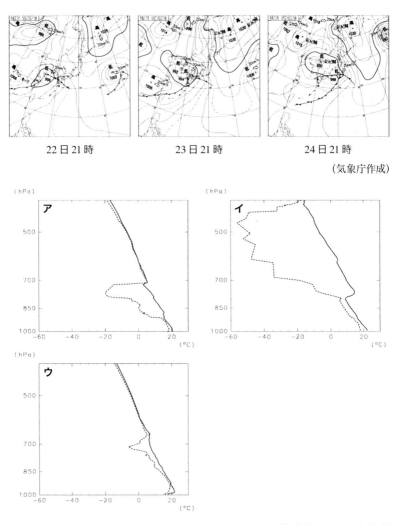

22日21時　　　23日21時　　　24日21時

（気象庁作成）

（気象庁のデータより作成）

第12講

熱帯低気圧と台風

12.1 熱帯低気圧の概観

熱帯低気圧 (tropical cyclone) とは、熱帯の海洋上で発生する低気圧である。北西太平洋上の熱帯低気圧のうち、中心付近の最大風速が 17.2 m/s 以上のものを台風 (typhoon) という。熱帯低気圧や台風は、温帯低気圧とは異なり、前線を伴わない。他の海域ではハリケーン (hurricane)（北米など）やサイクロン (cyclone)（インド洋）とよばれる。

台風は巨大な渦であり、反時計回りに風が吹き込んでいる。気象衛星による雲画像を使うと、渦巻き状の構造を確かめることができる。台風（熱帯低気圧）は温帯低気圧とは違い、軸対称な構造をしている。

（気象庁作成）

図 12-1：台風の例 (2012 年台風 15 号、2012 年 8 月 25 日 18 時)

一般に台風は中心に近づくほど風速が大きくなるが、中心付近では風が弱く晴れている場合がある。これを**台風の目** (typhoon eye) という。台風の目は雲画像で確認できることが多い。台風の目は、中心に向かって吹き込んできた風が遠心力の影響でそれ以上近づくことができない領域であると考えられ、周囲の積乱雲に伴う上昇気流を補償する下降気流が生じている。このため、台風の目の中では雲は発達しくい。台風の目は非常に背の高い積乱雲に囲まれている。これらの積乱雲を**壁雲** (wall cloud) という。壁雲の周りでは、やや背の低い積乱雲がらせん状に連なっている。これを**スパイラルバンド** (spiral band) という。また、中心から数百 km 離れた場所にも降水帯が現れることがあり、これを**外側降雨帯** (wall cloud) という。

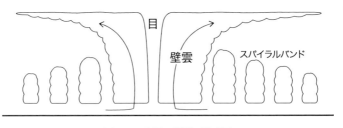

図 12-2：台風の断面の模式図

　天気図上では、台風の中心の周りの等圧線は同心円状に密集している。温度分布も軸対称であり、対流圏内では、凝結熱の影響により周囲より気温が高くなっている。これを**暖気核** (warm core) という。このため、静水圧平衡の関係により、上空に行くほど低気圧偏差は小さくなっている。

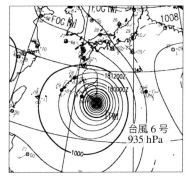
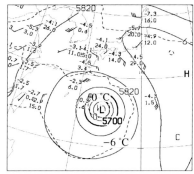

(気象庁作成、一部加筆)

図 12-3：台風の例 (2011 年台風 6 号、2011 年 7 月 17 日 21 時)
左は地上天気図、右は 500 hPa 天気図 (実線：等高度線、点線：等温線)

　台風は軸対称な構造を持った反時計回りの渦であるが、台風を移動させる周囲の風が重なるので、進行方向右側で風が強くなる傾向がある。このことから、台風の進行方向右側を危険半円とよぶことがある。北上する台風の場合、進行方向右側では南から暖かく湿った風が流入しやすいので、大雨にも注意が必要である。

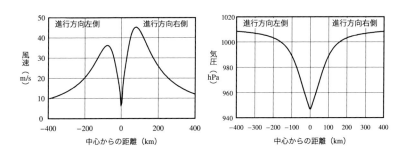

図 12-4：台風の中心のまわりの風速 (左) と気圧 (右) の分布の模式図

　台風は平均して 1 年に 26 個発生する。熱帯の海洋上で発生したあと、上空の風に流され、しばしば太平洋高気圧のへりを回るような進路をとって日本列島にやってくる。台風の典型的な進路は図 12-5 に示した通

りである。夏から秋にかけては、日本に接近したり上陸したりする台風が多い。太平洋高気圧の勢力が強い夏の間は、台風は大陸のほうを大きく回っていくこともあるが、秋になって太平洋高気圧の勢力が弱くなると、日本にやってくることが多くなる。

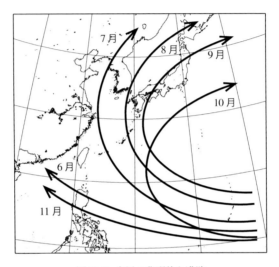

図 12-5：台風の典型的な進路

ⓘ 小学校の理科で台風を取り上げる。大雨や強風がもたらされることだけでなく、進路についても触れる。天気は西から東へ変わるという原則が当てはまらないことに注意する。

12.2 熱帯低気圧の発生と発達

熱帯の海洋では海面水温が高いことが多い。このような海域では、海面から多量の水蒸気が蒸発し、大気に潜熱（凝結熱）を供給している。このため、熱帯の海洋上では水蒸気が豊富で、積雲や積乱雲が多く発生する。熱帯低気圧はこのような海洋上で発生する。

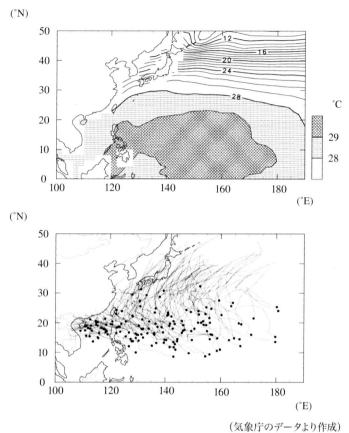

(気象庁のデータより作成)
図12-6：9月の海面水温(上)と台風の発生場所と経路(下)

　熱帯低気圧は、ばらばらに発生していた積乱雲が集中して組織化することによって発生する。熱帯低気圧が渦として発生、発達するためには、コリオリ力が必要である。実際に、海面水温が高くても、コリオリ力がはたらかない赤道付近では熱帯低気圧は発生しない。ここでは、角運動量保存則を用いて、渦の発達における地球の自転の効果を評価してみよう。熱帯低気圧の中心の周りの風のうち、接線方向の成分をvとする。中心からの距離をrとすれば、単位質量あたりの角運動量Lは、

$$L = rv$$

である。しかし、角速度 Ω で回転している地球上での運動を考えているので、自転に伴う角運動量も考慮に入れる必要がある。緯度 ϕ における有効な自転角速度は $\Omega \sin \phi$ である。この回転に伴う運動を加えて、

$$L_{abs} = r(r\Omega \sin \phi + v) = r^2 \Omega \sin \phi + rv$$

とする。これを**絶対角運動量** (absolute angular momentum) という。地面との摩擦の影響を無視した場合、空気塊が持つ絶対角運動量は保存する。赤道上 ($\phi = 0°$) では、自転の効果が効かないので、単純に $L = rv$ が保存する、つまり、中心からの距離に反比例して接線方向の風速が増大する。赤道から離れた緯度帯では、はじめに接線方向の風速 v がゼロであっても、自転の効果により、空気塊は絶対角運動量を持つことができる。このような空気が熱帯低気圧の中心に近づくと、急激に風速が増大する。台風の中心付近の強い風はこのようにして生じる。したがって、台風が発生するのは通常、地球の自転の効果が有効にはたらく、緯度が 5〜10° よりも高緯度側の領域である。

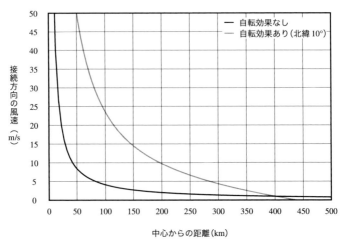

図12-7：絶対角運動量保存のもとでの風速分布の例

一度、低気圧性の渦ができると、渦の中心付近に空気が集まり、上昇気流が生じる。上昇気流が生じると積乱雲が発達して凝結熱が放出される。すると、大気が加熱されて低気圧がますます強くなり、渦も強化される。このような連鎖によって、渦は加速度的に発達していく。これを**第 2 種条件つき不安定** (conditional instability of the second kind; CISK) という。熱帯低気圧は第 2 種条件つき不安定によって発達すると考えられる。

12.3 台風の温帯低気圧化

前節で述べた通り、台風は海面水温の高い熱帯の海上で発生、発達する。本州付近のような中緯度域まで北上してくると海面水温が低くなるので、台風（熱帯低気圧）としてはもはや発達できなくなる。このようになると台風としては衰弱し、台風に特有の軸対称な構造が崩れていく。中緯度域では南北に気温勾配があるため、しばしば温帯低気圧のような構造に変化する。これを**温帯低気圧化**という。台風が温帯低気圧に変わった、と聞くと、勢力が弱くなったと思われがちだが、これは必ずしも正しくない。図 12-8、12-9 は台風の温帯低気圧化の例である。

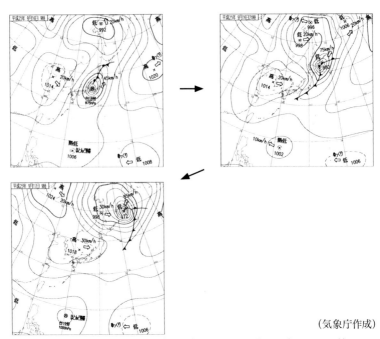

(気象庁作成)

図 12-8：温帯低気圧化の例（2013 年 9 月 16 日 9 時、21 時、17 日 9 時）

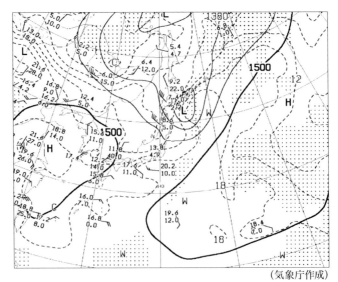

(気象庁作成)

図 12-9：温帯低気圧化の例(2013 年 9 月 16 日 21 時の 850 hPa 天気図)
(実線：等高度線、点線：等温線)

図 12-8 の 1 枚目の図（9 月 16 日 9 時）では中部地方に台風が上陸していて、中心の北東に停滞前線が見られる。2 枚目（12 時間後）の天気図では、中心は北東に移動して前線に重なり、台風が温帯低気圧に変わっている。この時刻の 850 hPa 天気図が図 12-9 である。低気圧の中心を挟んで顕著な温度勾配が生じていて、図 12-3（右）に見られるような暖気核とは明らかに違った構造を示している。むしろ、図 11-8 に示された典型的な温帯低気圧の構造に近い。その後、3 枚目（24 時間後）の天気図では、低気圧の中心気圧が再び低下し、再発達していることがわかる。12 時間後から 24 時間後にかけての気圧の低下は、台風としての発達ではなく、温帯低気圧としての発達であり、南北の温度差をエネルギー源としている。温帯低気圧化とは、台風が弱まるという意味ではなく、別の仕組みで再発達するという意味である。また、台風の中心付近では一般に等圧線が集中しているが、温帯低気圧に変わると等圧線の間隔がやや広がり、中心付近の風速は弱くなるものの、強風域は拡大することが多い。温帯低気圧化に伴う中心気圧の低下が見られない場合であっても、強風域はしばしば拡大するので、防災上も注意が必要である。

12.4　台風情報の利用

　台風情報は、図 12-10 のような形で発表される。平均風速が 25 m/s 以上の範囲が**暴風域** (area of 50kt winds of more)、15 m/s 以上の範囲が**強風域** (area of 30kt winds or more) である。**予報円** (circle of center position forecast) は、台風の中心が到達すると予想される範囲のことである。予報円の中のどの場所に到達するかは不確実性の範囲内であり事前に予想することはできない。なお、実際に台風が予報円に入る確率は 70% である（そのように予報円を定義している）。台風の中心が予報円内に進んだときに暴風域に入るおそれのある領域を**暴風警戒域** (storm warning area) として示す。台風情報は 3 日後まで発表されるが、3 日後以降も引き続き台風と予想される場合は、5 日後まで発表される。

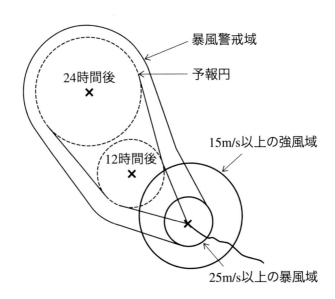

図 12-10：台風情報の模式図

ⓘ 小学校の理科においても、教科書によっては、台風情報の利用に言及している。防災の観点からも、ぜひ教えておきたい。

練習問題

問 12-1

台風の中心と一緒に移動している観測者から見て、台風の周りの風の分布が完全に軸対称であり、反時計回りに風が吹きこんでいるとする。このとき、台風の進行方向の右側と左側では、どちらで風が強いか。

問 12-2

下の図は、平成2年台風第19号が日本に上陸した前後（1990年9月19日9時と20日9時）の天気図である。また、表はこのときの三重県の津における気象観測データである。津は台風の進行方向のどちら側に位置していたか。そのように判断した根拠も簡潔に述べよ。

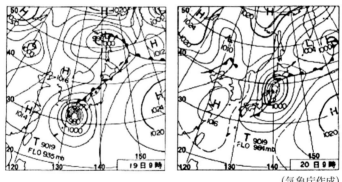

（気象庁作成）

日	時	気圧(hPa)	降水量(mm/h)	気温(℃)	湿度(%)	風向	風速(m/s)	天気	雲量
9月19日	19	991.8	2.0	25.9	88	東	20.2	雨	10
9月19日	20	989.8	15.0	24.2	93	南東	23.9	雨	10
9月19日	21	983.5	14.5	24.4	95	東南東	29.2	雨	10
9月19日	22	977.2	21.5	24.1	96	南東	24.5	雨	10
9月19日	23	965.6	16.5	23.9	94	南南東	24.0	雨	10
9月20日	0	970.7	15.5	25.2	88	南南西	14.6	雨	10
9月20日	1	980.2	1.0	22.4	91	西南西	14.9	雨	10
9月20日	2	985.3	1.5	21.5	93	西	11.4	雨	10
9月20日	3	988.7	1.5	22.0	85	西	19.9	雨	10

（気象庁のデータより作成）

問 12-3

　北緯 10°において、熱帯低気圧の中心から 400 km の位置にある空気が 1 m/s で接線方向に運動している。この空気が、熱帯低気圧の中心のまわりの絶対角運動量を保存したまま、中心から 50 km の位置まで近づいたら、接線方向の風速は何 m/s になるか、有効数字 2 桁で答えよ。絶対角運動量の保存を用いて計算せよ。また、同様の計算を赤道において行なえ。地球の自転角速度を 7.29×10^{-5} /s、$\sin 10°=0.174$ とする。

第13講

気候の変動

13.1 短周期の変動

　数年程度の短い時間スケールでの気候の変動として、**エルニーニョ現象** (El Niño) をあげることができる。エルニーニョ現象は、数年に一度程度の頻度で、東部赤道太平洋の海面水温が平年よりも高くなる現象である。また、逆の現象を**ラニーニャ現象** (La Niña) という。赤道太平洋ではエルニーニョ現象とラニーニャ現象が繰り返し発生しているが、これを**南方振動** (Southern Oscillation) とよぶことがある。

　図 13-1 を見ると、通常は、赤道太平洋の西部では海面水温が高く、東部で海面水温が低いことがわかる。これは、図 13-3（上）のように、貿易風とよばれる東風によって温かい表面付近の海水が西に吹き寄せられ、東岸のペルー沖では冷たい水が湧き上がっているからである。西部赤道太平洋の大気は加熱されているので気圧が低くなっているが、東部では冷やされているので気圧が高くなっている。大気の対流活動に注目すると、海面水温の高い西部赤道太平洋では対流活動が活発であり、上昇気流が生じている。一方、東部赤道太平洋では下降気流となっている。このような赤道太平洋上での大気の循環を**ウォーカー循環** (Walker circulation) という。

　エルニーニョ現象が発生すると、貿易風が弱くなり、暖水域は東に移

動する。このため、西に吹き寄せられていた暖かい海水が東に移動し、図 13-1 で四角形の枠で示したエルニーニョ監視海域の海面水温は上昇する（図 13-1（下））。たとえば、1998 年には監視海域の海面水温が平年よりも 3 °C 以上も高くなる最大級のエルニーニョ現象が発生した（図 13-2）。

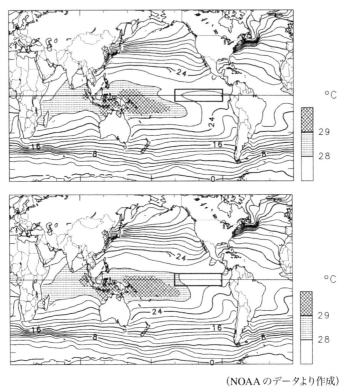

(NOAA のデータより作成)

図 13-1：1 月の海面水温
（上は平均値、下はエルニーニョ年の値、枠はエルニーニョ監視海域）

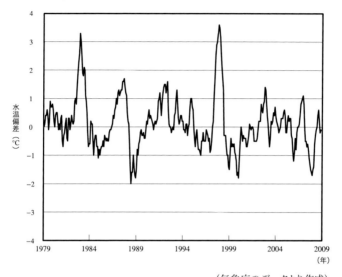

(気象庁のデータより作成)
図 13-2：エルニーニョ監視海域の水温偏差(平年値からのずれ)

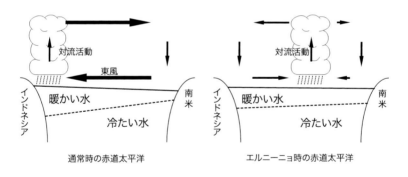

図 13-3：エルニーニョ現象の模式図

　エルニーニョ現象は赤道太平洋での大気海洋結合系の変動であるが、熱帯域の積雲対流などの変動を通して、中緯度域の天候にも影響を与える。たとえば、エルニーニョ現象が発生すると、日本は暖冬や冷夏になりやすいといわれることがある。図 13-5 を見ると、エルニーニョ年には冬のシベリア高気圧が弱くなり、アリューシャン低気圧が東にずれていることがわかる。

第 13 講　気候の変動　　173

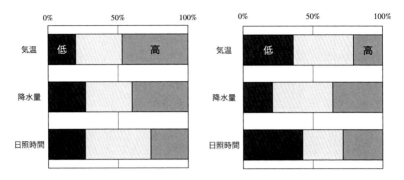

（気象庁のデータより作成）

図 13-4：エルニーニョ年の東京の気温、降水量、日照時間
（左は 1 月、右は 8 月）

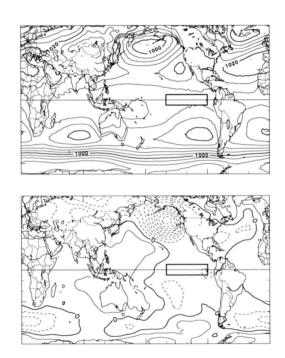

（NCEP/NCAR の客観解析データより作成）

図 13-5：1 月の海面気圧
（上は平年値、下はエルニーニョ年と平年との差。等圧線は 1 hPa ごと、負偏差は点線）

① 高等学校の地学でエルニーニョ現象、ラニーニャ現象を取り上げる。日本への影響だけでなく、仕組みについても理解する。

13.2　人為的な気候変動

　地球温暖化とは、人為的な要因によって温室効果ガスが増加して温室効果が強化され、地球の平均気温が上昇する現象のことである。図13-6のように、20世紀の100年間に全球平均した地表面気温は0.6 ℃程度上昇しているが、このような昇温はおもに地球温暖化によってもたらされていると考えられている。

　地球温暖化は単に気温を上昇させるだけでなく、海水の膨張による海面水位の上昇を生じさせる。また、地球温暖化が進行して、グリーンランドや南極の氷床が融解した場合には、さらに海面水位が上昇すると予測されている。地球温暖化は、降水にも影響を与えると考えられている。一般に、気温が高くなると、大気中に含まれる水蒸気の量も増加する傾向がある。このため、地球温暖化によって気温が上昇すると、水蒸気が増えて、降水量も増加すると考えられている。さらに、災害を引き起こすような強い降水の頻度が増加する可能性も指摘されている。これらの予測は、気候モデルを用いた数値計算によって得られているが、気候モデルによる将来の予測には不確実性がある点にも注意が必要である。

　地球温暖化による気温の上昇は、北半球の高緯度域で特に大きくなると考えられている。これは、おもに、海氷や氷河などの氷の融解が進むことによる。氷はアルベド（反射率）が大きいため、氷で覆われている領域の面積が減少すると、アルベドが低下する。その結果、日射をより多く吸収するようになり、ますます温暖化が進む。これを**正のフィードバック** (positive feedback) という。

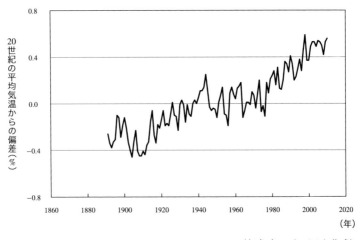

(気象庁のデータより作成)
図 13-6：世界の年平均気温の経年変化

　一般に、都市においては、人間活動の影響により、気候が変化している。これを**都市気候** (urban climate) という。たとえば、都市では、郊外よりも気温が高くなることが多いが、これを**ヒートアイランド** (heat island) という。ヒートアイランドは、人工排熱のほか、地表面条件の改変や、建築物による蓄熱によって生じていると考えられている。人工排熱は、都市での人間活動によって放出される熱である。また、都市域では、地表面の植生が減少して、水蒸気の蒸発散が生じにくくなっている。この結果、地表面からの潜熱が減少し、代わって顕熱が増加する。これも、気温を上昇させる効果を持つ。さらに、建築物の外壁に熱が蓄えられることも、気温の上昇をもたらす要因になっている。一般に、昼間より夜間、夏季より冬季のほうが、地面が冷やされて大気の安定度は高い。安定度が高いと鉛直方向の混合が抑制されるので、地表面付近の大気に同程度の加熱が与えられても、気温の上昇は大きくなる。このため、ヒートアイランドも昼間より夜間、夏季より冬季に顕著になる傾向がある。ただし、地表面条件の改変（植生の減少）の効果は、日射の強い夏季の昼間に現れやすい。ヒートアイランド現象による平均気温の上昇は、東京で

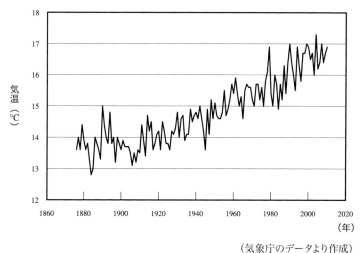

図13-7：東京の年平均気温の経年変化
（気象庁のデータより作成）

は20世紀の100年間で約2.5〜3.0℃とされている（図13-7）。これは、全球平均気温の上昇よりもずっと大きい。

　長期間にわたるさまざまな記録を調べると、有史以後に限定しても、地球の気候は一定でなかったことがわかる。気候の長期的な変動がすべて人為的な要因によるものであるとはいえないので、注意が必要である。

　たとえば、図13-8（上）は、17世紀初頭にオランダで描かれた絵画である。凍結した運河の上で遊んでいる人々が描かれている。現在の気候ではオランダの運河が凍結することはまずありえない。17〜18世紀には、イギリスでテムズ川が冬季に凍結したとの記録も残っている。図13-8（下）は、江戸時代（天保中期）に描かれた浮世絵であり、現在の静岡県に位置する蒲原の宿場の風景が描写されている。蒲原は太平洋に面していて温暖な気候であり、現在ではこのように雪が積もることは珍しい。逆に、過去には現在よりも温暖だった時期もある。たとえば、縄文時代には、現在よりも温暖で、海面も最大数メートル高くなっていた

時期があった。これを縄文海進という。このような変動は、地球温暖化のような人為的な要因によるものではなく、自然変動の一部と考えられる。

(Photo: NMWA/DNPartcom)
鳥罠のある冬景色　ピーテル・ブリューゲル（子）　国立西洋美術館
Winter Landscape with Bird Trap. Pieter Brueghel the Younger. 1601

(Image: 東京都歴史文化財団イメージアーカイブ)
東海道五拾三次之内 蒲原 夜之雪　歌川広重　東京都江戸東京博物館
図13-8：冬景色（上）と蒲原（下）

第13講　気候の変動　　179

◎引用・参考文献

Tetens, O., Uber einige meteorologische Begriffe. Z. *Geophys.*, 6, 1930.

「平成23年度第1回気象予報士試験（実技1）図10」一般財団法人気象業務支援センター、2011年。

中谷宇吉郎『雪』岩波文庫、1994年。

小林禎作・古川義純『［雪］の結晶』雪の美術館、1991年。

小倉義光『一般気象学　第2版』東京大学出版会、1999年。

IPCC（気候変動に関する政府間パネル）「IPCC第5次評価報告書」、2013-14年。

Trenberth, K. E., J. T. Fasullo, and J. Kiehl, Earth's global energy budget. *Bull. Amer. Meteor.* Soc., 90, 2009.

安斎政雄『新・天気予報の手引　新改訂版』クライム、2005年。

付録1 : 国際式天気記号

1. 地上天気図

　一般向けの天気予報で使われる地上天気図では、日本式天気記号が用いられている。日本式天気記号は中学校の理科の教科書にも載っており、慣れている読者も多いであろう。しかし、天気予報の業務では、気象をより詳しく記述するために国際式天気記号が使われる。本書に掲載されている天気図の多くは日本式天気記号でかかれているが、一部、国際式天気記号でかかれたものがある。日本式天気記号は、国際式天気記号を簡略化したものであり、似ている部分もあるが、異なる部分も多い。たとえば、日本式では、地点を表す円の中に天気を記入するが、国際式では雲量を記入し、天気は円の左に記号で記入する。風向・風速を表す矢羽根は、日本式と国際式では見た目は似ているが、同じではない。以下に国際式天気記号の記入形式を示すので必要に応じて参考にしてほしい。

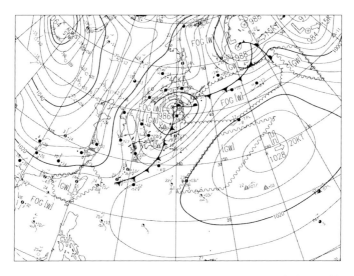

（気象庁作成）
国際式天気記号で記入された地上天気図の例

記入型式

ddff	風向風速
TT	気温（℃）
ww	現在天気
VV	視程（船舶のみ）
T_dT_d	露点（℃）
N	全雲量
C_L	層積雲, 層雲, 積乱雲
N_h	C_L（C_M）の雲量
h	最低雲の底の地面からの高さ
C_H	巻雲, 巻積雲, 巻層雲
C_M	高積雲, 高層雲, 乱層雲
pp	気圧変化量
a	気圧変化傾向
W_1	過去天気
（船舶のみ）	
P_wP_w	風浪の周期
H_wH_w $H_{w1}H_{w1}$ $H_{w2}H_{w2}$	波高
$d_{w1}d_{w1}$ $d_{w2}d_{w2}$	うねりの方向
$P_{w1}P_{w1}$ $P_{w2}P_{w2}$	うねりの周期

自動観測による場合、北を頂点とする正三角形△で地点円を囲む。〔例〕

```
        /
      ff              C_H
        \  dd  TT  C_M
        VV_ww  (N)  ±ppa
        T_dT_d  C_L  N_h  W_1
              h
        P_wP_w/H_wH_w
        d_w1 d_w1/P_w1 P_w1/H_w1 H_w1
        d_w2 d_w2/P_w2 P_w2/H_w2 H_w2
```

解析記号

	寒冷前線	▲▲▲
	温暖前線	●●●
	停滞前線	▲●▲●
	閉塞前線	▲●▲●
解消しつつある	寒冷前線	▲/▲/▲
	温暖前線	●/●/●
	停滞前線	●/▲
発生しつつある	寒冷前線	▲・▲・
	温暖前線	●・●・
	停滞前線	●・▲・
	高気圧	H
	低気圧	L
	熱帯低気圧	TD
台風	Tropical Storm	TS
	Severe Tropical Storm	STS
	Typhoon	T または TYPHOON

（気象庁ウェブサイトより）

(1) 雲量

記号	8分率	10分率	記号	8分率	10分率
○	0/8	0	◓	6/8	7または8
◐	1/8	0+または1	◑	7/8	9または10−
◔	2/8	2または3	●	8/8	10
◑	3/8	4	⊗		天気現象により、天空不明
◐	4/8	5	⊖		天気現象以外で、天空不明または観測しない
◕	5/8	6			

(2) 現在天気

(1) 雨雪などの記号が水平に並ぶのは「連続性」、垂直に並ぶのは「止み間のある」ものを意味する。左側に付した垂直の一本線は「現象の増加」、右側のそれは「現象の減衰」を意味する。
(2) カッコ( )の記号は「視界内」、右側の鉤カッコ]は「前1時間以内」の現象。

00〜19 観測時または観測時前1時間以内（ただし 09,17 を除く）に観測所に降水、霧、氷霧(11,12 を除く)、砂じんあらしまたは地ふぶきがない

00	○	前1時間内の雲の変化不明	10	=	もや
01	♀	前1時間内に雲消散中または発達がにぶる	11	==	地霧または低い氷霧が散在している(眼の高さ以下)
02	⊙	前1時間内に空模様全般に変化がない	12	==	地霧または低い氷霧が連続している(眼の高さ以下)
03	○	前1時間内に雲発生中または発達中	13	⦤	電光は見えるが雷鳴は聞こえない
04	⌒	煙のため視程が悪い	14	⌣•	視界内に降水があるが地面または海面に達していない
05	∞	煙霧	15	)•(	視界内に降水。観測所から5 km 以上
06	S	空中広くじんあいが浮遊（風に巻き上げられたものではない）	16	(•)	視界内に降水。観測所にはない、5 km 未満
07	$	風に巻き上げられたじんあい	17	⦥	雷電。観測時に降水がない
08	⦃	前1時間内に観測所または付近の発達したじん旋風	18	∀	前1時間内に観測所または視界内にスコール
09	(⤴)	視界内または前1時間内の砂じんあらし	19	)(	前1時間内に観測所または視界内にたつまき

20〜29 観測時前1時間内に観測所に霧、氷霧、降水、雷電があったが観測時にはない					
20	ｺ	霧雨または霧雪があった。しゅう雨性ではない	25	▽̇	しゅう雨があった
21	●]	雨があった。しゅう雨性ではない	26	▽̇*	しゅう雪またはしゅう雨性のみぞれがあった
22	*]	雪があった。しゅう雪性ではない	27	▽̇△	ひょう、氷あられ、雪あられがあった。雨を伴ってもよい
23	●*]	みぞれまたは凍雨があった。しゅう雨性ではない	28	≡]	霧または氷霧があった
24	∽]	着氷性の雨または霧雨があった。しゅう雨性ではない	29	⚡]	雷電があった。降水を伴ってもよい
30〜39 砂じんあらし、地ふぶき					
30	S⊢	弱または並の砂じんあらし。前1時間内にうすくなった	35	⇂S	強い砂じんあらし。前1時間内に始まった。またはこくなった
31	S	弱または並の砂じんあらし。前1時間内変化がない	36	✢	弱または並の地ふぶき。眼の高さより低い
32	⇂S	弱または並の砂じんあらし。前1時間内に始まった、またはこくなった	37	✢	強い地ふぶき。眼の高さより低い
33	S⊢	強い砂じんあらし。前1時間内にうすくなった	38	✢	弱または並の地ふぶき。眼の高さより高い
34	S	強い砂じんあらし。前1時間内変化がない	39	✢	強い地ふぶき。眼の高さより高い
40〜49 観測時に霧または氷霧					
40	(≡)	遠方の霧または氷霧。前1時間観測所にはない	45	≡	霧または氷霧、空を透視できない。前1時間内変化がない
41	≡≡	霧または氷霧が散在	46	≡	霧または氷霧、空を透視できる。前1時間内に始まった。またはこくなった
42	≡	霧または氷霧、空を透視できる。前1時間内にうすくなった	47	≡	霧または氷霧、空を透視できない。前1時間内に始まった。またはこくなった
43	≡	霧または氷霧、空を透視できない。前1時間内にうすくなった	48	⩞	霧、霧氷が発生中。空を透視できる
44	≡	霧または氷霧、空を透視できる。前1時間内変化がない	49	⩞	霧、霧氷が発生中。空を透視できない
50〜59 観測時に観測所に霧雨					
50	ｺ	弱い霧雨。前1時間内に止み間があった	55	ｺｺ	強い霧雨。前1時間内に止み間がなかった
51	ｺｺ	弱い霧雨。前1時間内に止み間がなかった	56	∽	弱い着氷性の霧雨
52	ｺ	並の霧雨。前1時間内に止み間があった	57	∽	並または強い着氷性の霧雨
53	ｺｺ	並の霧雨。前1時間内に止み間がなかった	58	ｺ●	霧雨と雨、弱
54	ｺ	強い霧雨。前1時間内に止み間があった	59	ｺ●	霧雨と雨、並または強

60〜69 観測時に観測所に雨

60	●	弱い雨。前1時間内に止み間があった	65	●●●●	強い雨。前1時間内に止み間がなかった
61	●●	弱い雨。前1時間内に止み間がなかった	66		弱い着氷性の雨
62	●●●	並の雨。前1時間内に止み間があった	67		並または強い着氷性の雨
63	●●●●	並の雨。前1時間内に止み間がなかった	68	●∗	みぞれまたは霧雨と雪、弱
64	●●●●●	強い雨。前1時間内に止み間があった	69	●∗●	みぞれまたは霧雨と雪、並または強

70〜79 観測時に観測所にしゅう雨性でない固体降水

70	∗	弱い雪。前1時間内に止み間があった	75	∗∗∗	強い雪。前1時間内に止み間がなかった
71	∗∗	弱い雪。前1時間内に止み間がなかった	76	↔	細氷。霧があってもよい
72	∗∗	並の雪。前1時間内に止み間があった	77	△	霧雪。霧があってもよい
73	∗∗∗	並の雪。前1時間内に止み間がなかった	78	✳	単独結晶の雪
74	∗∗∗	強い雪。前1時間内に止み間があった	79	▽	凍雨

80〜89 観測時に観測所にしゅう雨性降水など

80		弱いしゅう雨	85		弱いしゅう雪
81		並または強いしゅう雨	86		並または強いしゅう雪
82		激しいしゅう雨	87		雪あられまたは氷あられ、弱。雨かみぞれを伴ってもよい
83		弱いしゅう雨性のみぞれ	88		雪あられまたは氷あられ、並または強。雨かみぞれを伴ってもよい
84		並または強いしゅう雨性のみぞれ	89		弱いひょう。雨かみぞれを伴ってもよい。雷鳴はない

90〜94 観測時にはないが前1時間内に雷電   95〜99 観測時に雷電

90		並または強いひょう。雨かみぞれを伴ってもよい。雷鳴はない	95		弱または並の雷電。観測時に雨、雪またはみぞれを伴う
91		前1時間内に雷電があった。観測時に弱い雨	96		弱または並の雷電。観測時にひょう、氷あられまたは雪あられを伴う
92		前1時間内に雷電があった。観測時に並または強い雨	97		強い雷電。観測時に雨、雪またはみぞれを伴う
93		前1時間内に雷電があった。観測時に弱い雪、みぞれ、雪あられ、氷あられ、またはひょう	98		雷電。観測時に砂じんあらしを伴う
94		前1時間内に雷電があった。観測時に並または強い雪、みぞれ、雪あられ、氷あられ、またはひょう	99		強い雷電。ひょう、氷あられまたは雪あられを伴う

(安斎 2005 より)

(3) 日本式天気記号との関係

天気	0	1	2	3	4	5	6	7	8	9		全雲量	
00						⊗	⑤					0	○
10		全雲量によって定める						⊖				1	
20												2	
30				⊕				⊕				3	①
40						⊙						4	
50					●ｷ				●			5	
60			●			●ｯ		●		⊖		6	
70			⊗			⊗ｯ		⊗	△			7	◎
80	●ﾆ	●ｯ	⊙		⊗ﾆ		△	▲				8	
90	▲		⊖				⊖ｯ	⊖	⊖			9	⊗
												/	

(安斎 2005 より)

(4) 過去天気

⟿→	⤉	≡	,
砂じんあらし (視程1km未満)	高い地ふぶき (視程1km未満)	霧(視程1km未満) または煙霧 (視程2km未満)	霧雨

●	✳	▽	⚡
雨	雪またはみぞれ	しゅう雨性降水	雷電

※前3時間または6時間の天気を通報する。

(5) 上層雲

記号	十種雲形	説明
⌒⌐	Ci	薄い毛状の Ci が他の Ci よりも多い
⌒⌐⌐	Ci	(濃い Ci ＋ふさ状 Ci) が他の Ci より多い
⌒	Ci	Cb からできた濃い Ci がある
⌐	Ci	地平線から空に広がりつつある Ci
⊃	Cs	45°以上には広がっていない Cs
⊃	Cs	45°以上に広がっている Cs
⊃⊂	Cs	全天をおおう Cs
⊂	Cs	空に広がる傾向のない Cs
⌇	Cc	Cc のみ、または Cc が (Ci + Cs) より多い

(6) 中層雲

記号	十種雲形	説明
∠	As	薄い As、太陽・月がわかる
∥	Ns	厚い As、あるいは Ns
⌒	Ac	薄い Ac、太陽・月がわかる
ζ	Ac	外観が絶えず変わる Ac
⌐	Ac	地平線から空に広がりつつある Ac
⋈	Ac	Cu・Cb が広ってできた Ac がある
⌐B	Ac	As または Ns を伴う Ac、厚い Ac、2層以上の Ac
M	Ac	塔状またはふさ状の Ac がある
ζ	Ac	こんとんとした険悪な空模様

(7) 下層雲

記号	十種雲形	説明
⌒	Cu	晴天時の Cu、ほつれたりわずかに盛り上がっている
⌓	Cu	中程度以上に発達した Cu がある
⌂	Cb	雲頂が羽毛状やかなとこ状でない Cb がある
⟠	Sc	Cu が広がってできた Sc がある
⌣	Sc	Cu が広がったものではない Sc
─	St	St、St のちぎれ雲、悪天の際のちぎれ雲ではない
‑ ‑ ‑	Cu/St	悪天の際のちぎれ雲、Cu・St
⋈	Cu/Sc	雲底の高さが違う Cu と Sc
⌂	Cb	雲頂上が羽毛状でかなとこ状の Cb がある

(8) 気圧変化傾向

0	∧	上昇後下降 0+	5	∨	下降後上昇 0−
1	⌐	上昇後一定／上昇後緩上昇　＋	6	⌐	下降後一定／下降後緩下降　−
2	／	一定上昇／変動上昇 ＋	7	＼	一定下降／変動下降 −
3	✓	下降後上昇／一定後上昇／上昇後急上昇 ＋	8	∧	一定後下降／上昇後下降／下降後急下降 −
4	─	一定 0			

※ 0／＋／−：現在の気圧は 3 時間前の気圧に等しい／より高い／より低い。

(9) 風向・風速

風速 [ノット]	記号	風速 [ノット]	記号	風速 [ノット]	記号
2～7		23～27		43～47	
8～12		28～32		48～52	
13～17		33～37		53～57	
18～22		38～42		58～62	

2. 高層天気図

　高層天気図に関しては、日本式の記入形式が特に定められているわけではないので、基本的には国際式で記入する。本書で用いている高層天気図も国際式でかかれている。矢羽根は地上天気図における国際式天気記号と共通である。高層天気図は地上天気図と比べて記入する項目が少ないため、初めて国際式の天気図を見る読者は、高層天気図のほうから慣れていくとよいだろう。

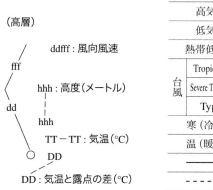

記入型式

（高層）

fff / ddfff：風向風速
dd / hhh：高度（メートル）
　　　hhh
　　TT－TT：気温（℃）
○ DD
　DD：気温と露点の差（℃）

解析記号

	高気圧	H
	低気圧	L
	熱帯低気圧	TD
台風	Tropical Storm	TS
	Severe Tropical Storm	STS
	Typhoon	T または TYPHOON
	寒（冷）域	C
	温（暖）域	W
	等高度線	———
	等温線	- - - - -

（気象庁ウェブサイトより）

付録 2 : 天気図や観測データの入手について

　過去の天気図、アメダスなどの観測データは、気象庁のウェブサイトで入手できる。

- 気象庁　http://www.jma.go.jp/jma/menu/menureport.html
  過去の天気図　http://www.data.jma.go.jp/fcd/yoho/hibiten/index.html
  アメダスの観測データ　http://www.data.jma.go.jp/obd/stats/etrn/index.php
  天気図　http://www.jma.go.jp/jp/g3/ ⎫
  雲画像　http://www.jma.go.jp/jp/gms/ ⎬ 過去半日
  アメダス分布図　http://www.jma.go.jp/jp/amedas/ ⎬ 〜2日程度
  解析雨量（レーダー）　http://www.jma.go.jp/jp/kaikotan/ ⎭

また、過去の雲画像は、

- 高知大学気象情報頁　http://weather.is.kochi-u.ac.jp/
  赤外画像　http://weather.is.kochi-u.ac.jp/sat/gms.fareast/
  可視画像　http://weather.is.kochi-u.ac.jp/sat/JPN/

で入手可能である。さらに、最新の専門的な天気図を入手することができるウェブサイトとしては以下のものが挙げられる。

- 北海道放送　http://www.hbc.co.jp/weather/pro-weather.html
  　天気図の使い方の解説や、過去2週間程度のアーカイブもある。
- いであ（株）　http://www.bioweather.net/report
- 国際気象海洋（株）　http://www.imocwx.com/wxfax.htm
- （株）サニースポット　http://www.sunny-spot.net/chart/senmon.html
  　アーカイブが充実している。
- 気象庁　http://www.jma.go.jp/jma/kishou/know/kurashi/tenkizu.html

また、過去の天気図、気象観測データについては、（財）気象業務支援センターで CD-ROM の形で入手できる（有料）。

- （財）気象業務支援センター　http://www.jmbsc.or.jp/jp/

※興味のある事例を見つけたら、天気図、雲画像、アメダス分布図、解

析雨量（レーダー）を気象庁のウェブページから早めにダウンロードしておくのがよいだろう。過去にさかのぼる場合は、地上天気図は、気象庁のウェブページから過去の天気図（1か月でひとまとまりになったPDF形式のファイル）を入手して必要なところを切り出して利用し、雲画像は、高知大学気象情報頁から入手することができる。アメダス分布図や解析雨量については、調べた範囲では無償で入手できるサイトはないようである。

付録 3 : 練習問題の解答例

問 2-1(1)

理想気体の状態方程式より

$$\rho = \frac{P}{RT}$$

だから、

$$\frac{101300}{287 \times 300} = 1.176 \cdots \approx 1.18$$

<u>答．1.18 kg/m³</u>

(2)

$$\frac{101300}{287 \times 273} = 1.292 \cdots \approx 1.29$$

<u>答．1.29 kg/m³</u>

(3)

$$\frac{70000}{287 \times 273} = 0.8934 \cdots \approx 8.93 \times 10^{-1}$$

<u>答．8.93×10^{-1} kg/m³</u>

問 2-2(1)

理想気体の状態方程式より

$$\rho = \frac{Mp}{1000RT}$$

だから、

$$\frac{29 \times 100000}{1000 \times 8.31 \times 300} = 1.163 \cdots \approx 1.16$$

<u>答．1.16 kg/m³</u>

(2)
$$\frac{29 \times 100000}{1000 \times 8.31 \times 273} = 1.278 \cdots \approx 1.28$$

答．1.28 kg/m³

(3)
$$\frac{44 \times 100000}{1000 \times 8.31 \times 300} = 1.764 \cdots \approx 1.76$$

答．1.76 kg/m³

問 2-3(1)
$$611\exp\left(17.27 \times \frac{299.15-273.16}{299.15-35.86}\right) \approx 611\exp(1.7048) = 3369.5 \cdots \approx 33.6$$

答．33.6 hPa

(2)
$$611\exp\left(17.27 \times \frac{295.15-273.16}{295.15-35.86}\right) \approx 611\exp(1.4646) = 2643.1 \cdots \approx 26.4$$

答．26.4 hPa

(3)
$$\frac{26.43}{33.61} \times 100 = 78.6 \cdots \approx 79$$

答．79 %

(4)
$$q = \frac{0.622 \times 26.43}{1013.0 - 0.378 \times 26.43} \times 1000 = 16.39 \cdots \approx 16.4$$

答．16.4 g/kg

$$r = \frac{0.622 \times 26.43}{1013.0 - 26.43} \times 1000 = 16.66 \cdots \approx 16.7$$

答．16.7 g/kg

巻末付録

問 2-4(1)

$$611\exp\left(17.27 \times \frac{291.15-273.16}{291.15-35.86}\right) \approx 611\exp(1.2170) = 2063.3\cdots \approx 20.6$$

答．20.6 hPa

(2)

$$20.63 \times \frac{70}{100} = 14.441\cdots \approx 14.4$$

答．14.4 hPa

(3)

$$q = \frac{0.622 \times 14.44}{1013.0 - 0.378 \times 14.44} \times 1000 = 8.914\cdots \approx 8.9$$

答．8.9 g/kg

$$r = \frac{0.622 \times 14.44}{1013.0 - 14.44} \times 1000 = 8.994\cdots \approx 9.0$$

答．9.0 g/kg

(4)

$$611\exp\left(17.27 \frac{T-273.16}{T-35.86}\right) = e$$

より、

$$17.27 \frac{T-273.16}{T-35.86} = \ln\left(\frac{e}{611}\right)$$

$$T = \frac{17.27 \times 273.16 - 35.68 \ln\left(\frac{e}{611}\right)}{17.27 - \ln\left(\frac{e}{611}\right)}$$

だから、

$$\frac{17.27 \times 273.16 - 35.68 \ln\left(\frac{1444}{611}\right)}{17.27 - \ln\left(\frac{1444}{611}\right)} = 285.608\cdots \approx 285.61$$

$$285.61 - 273.15 = 12.46\cdots \approx 12.5$$

答．12.5(12.4) ℃

問 2-5(1)

静水圧平衡より

$$\frac{dp}{dz} = -\rho g = \frac{pg}{RT}$$

だから、

$$\frac{100000 \times 9.81}{287 \times 300} \times \frac{1}{100} = 0.1139 \cdots \approx 0.114$$

<u>答．1.14×10^{-1} hPa</u>

(2)

$$\frac{100000 \times 9.81}{287 \times 273} \times \frac{1}{100} = 0.1252 \cdots \approx 0.125$$

<u>答．1.25×10^{-1} hPa</u>

(3)

$$\frac{50000 \times 9.81}{287 \times 273} \times \frac{1}{100} = 0.06260 \cdots \approx 0.0626$$

<u>答．6.26×10^{-2} hPa</u>

問 2-6

等温大気における高度と気圧の関係は、

$$p = p_0 \exp\left(-\frac{z}{H_0}\right)$$

だから、

$$\frac{p}{p_0} = \exp\left(-\frac{z}{H_0}\right)$$

$$\ln\left(\frac{p}{p_0}\right) = -\frac{z}{H_0}$$

$$z = -H_0 \ln\left(\frac{p}{p_0}\right) = H_0 \ln\left(\frac{p_0}{p}\right)$$

したがって、

$$8.0 \times \ln 2 = 5.54 \cdots \approx 5.5$$

答．5.5 km

問 3-1

$0 \sim 800$ m：$\dfrac{10}{1000} \times 800 = 8$ ℃ 低下、$800 \sim 2000$ m：$\dfrac{5}{1000} \times 1200 = 6$ ℃ 低下、

$2000 \sim 0$ m：$\dfrac{10}{1000} \times 2000 = 20$ ℃ 上昇、したがって、$25-8-6+20=31$ ℃

答．31 ℃

問 4-1

気圧 [hPa]	高度 [m]	気温 [℃]	温位 [K]
1000	98	24.5	297.7
850	1515	18.3	305.3
700	3156	9.9	313.4
500	5885	−4.4	327.6
300	9722	−28.9	344.5

問 4-2(1)

温位の定義式より、

$$\theta = T \left(\frac{p}{p_0} \right)^{-\frac{R}{C_p}}$$

だから、

$$\frac{d\theta}{dz} = \left(\frac{p}{p_0} \right)^{-\frac{R}{C_p}} \frac{dT}{dz} + T \left(-\frac{R}{C_p} \right) \frac{1}{p} \left(\frac{p}{p_0} \right)^{-\frac{R}{C_p}} \frac{dp}{dz} = \left(\frac{p}{p_0} \right)^{-\frac{R}{C_p}} \left(\frac{dT}{dz} - \frac{RT}{C_p p} \frac{dp}{dz} \right)$$

$$= \left(\frac{p}{p_0} \right)^{-\frac{R}{C_p}} \left(\frac{dT}{dz} - \frac{RT}{C_p p} (-\rho g) \right)$$

$$= \left(\frac{p}{p_0} \right)^{-\frac{R}{C_p}} \left(\frac{dT}{dz} + \frac{g \rho RT}{C_p p} \right)$$

$$= \left(\frac{p}{p_0} \right)^{-\frac{R}{C_p}} \left(\frac{dT}{dz} + \frac{g}{C_p} \right)$$

(2)
$\frac{d\theta}{dz}=0$ より、

$$\left(\frac{p}{p_0}\right)^{-\frac{R}{C_p}}\left(\frac{dT}{dz}+\frac{g}{C_p}\right)=0$$

だから、

$$\frac{dT}{dz}+\frac{g}{C_p}=0$$

$$\frac{dT}{dz}=-\frac{g}{C_p}$$

問 4-3

略。

問 5-1

$$1000\times1\times0.001=1$$

答．1 kg

問 5-2

（単位面積あたりの質量）÷（密度）を計算すればよいから、

$$(0.01\times1000)\div100=0.1$$

答．10 cm

問 5-3

（単位面積あたりの空気の重さ）÷（重力加速度）で、（単位面積あたりの空気の質量）を求め、さらに、（単位面積あたりの空気の質量）×（比湿）÷（密度）を計算すればよいから、

$$\{(1000-850)\times1000\}\div10\times\frac{10}{1000}\div1000=0.1$$

答．15 mm

問 6-1(1)

$$\sqrt[4]{\frac{(1-0.30)\times 1370}{4\times 5.67\times 10^{-8}}} - 273.15 = 255.00 \cdots - 273.15 = -18.1$$

答．$-18.1\ °C$

(2)

$$\sqrt[4]{\frac{(1-0.29)\times 1370}{4\times 5.67\times 10^{-8}}} - 273.15 = 255.90 \cdots - 273.15 = -17.2$$

答．$-17.2\ °C$

(3)

$$\sqrt[4]{\frac{(1-0.30)\times 1383.7}{4\times 5.67\times 10^{-8}}} - 273.15 = 255.63 \cdots - 273.15 = -17.5$$

答．$-17.5\ °C$

問 6-2(1)

$$\sqrt[4]{\frac{(1-0.30)\times 800}{5.67\times 10^{-8}}} - 273.15 = 315.24 \cdots - 273.15 = 42.1$$

答．$42.1\ °C$

(2)

$$\sqrt[4]{\frac{(1-0.80)\times 800}{5.67\times 10^{-8}}} - 273.15 = 230.15 \cdots - 273.15 = -42.7$$

答．$-42.7\ °C$

問 7-1

$$(2\times 7.29\times 10 - 5\times 0.547)\times \frac{210\times 10^3}{3600} \times 60 = 0.2791 \cdots \approx 2.8\times 10^{-1}$$

答．$2.8\times 10^{-1}\ N$

問 7-2(1)

$$\frac{1}{2\times 7.29\times 10^{-5}\times 0.5\times 1.0} \times \frac{1\times 100}{100\times 10^3} = 13.71 \cdots = 1.4\times 10$$

答．$1.4\times 10\ m/s$

(2)
$$\frac{1}{2 \times 7.29 \times 10^{-5} \times 0.707 \times 1.0} \times \frac{1 \times 100}{100 \times 10^3} = 9.701\cdots = 9.7$$

答．9.7 m/s

問 7-3

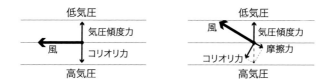

問 7-4(1)
$$\frac{dp}{dx} = \rho \times f\nu = 1.0 \times 7.29 \times 10^{-5} \times 10 = 7.29 \times 10^{-4}$$

だから、
$$7.29 \times 10^{-4} \times (100 \times 10^3) \times \frac{1}{100} = 0.729$$

答．0.73 hPa

(2)
$$\frac{dp}{dx} = \rho \times \left(f\nu + \frac{\nu^2}{r}\right) = 1.0 \times \left(7.29 \times 10^{-5} \times 10 + \frac{10^2}{500 \times 10^3}\right) = 9.29 \times 10^{-4}$$

だから、
$$9.29 \times 10^{-4} \times (100 \times 10^3) \times \frac{1}{100} = 0.929$$

答．0.93 hPa

(3)
$$\frac{dp}{dx} = \rho \times \left(f\nu + \frac{\nu^2}{r}\right) = 1.0 \times \left(7.29 \times 10^{-5} \times 10 - \frac{10^2}{500 \times 10^3}\right) = 5.29 \times 10^{-4}$$

だから、

$$5.29\times10^{-4}\times(100\times10^3)\times\frac{1}{100}=0.529$$

<u>答．0.53 hPa</u>

問 8-1(1)
暖気移流、上にいくにつれて風向が時計回りに変化しているから。

(2)
寒気移流、上にいくにつれて風向が反時計回りに変化しているから。

問 8-2(1)
$$-\frac{2}{10\times10^3}-\frac{1}{10\times10^3}=-3\times10^{-4}$$

<u>答．-3×10^{-4} /s</u>

(2)
<u>答．0 /s</u>

(3)
$$\frac{2}{10\times10^3}-\frac{2}{10\times10^3}=0$$

<u>答．0 /s</u>

問 8-3(1)
<u>答．0 /s</u>

(2)
$$-\frac{2}{10\times10^3}-\frac{2}{10\times10^3}=-4\times10^{-4}$$

<u>答．-4×10^{-4} /s</u>

(3)
<u>答．0 /s</u>

問 9-1

（角運動量）＝（半径）×（接線方向の速度）だから、

$$R\times(R\,\Omega)=(R\cos\phi)\times(R\,\Omega\cos\phi+u)$$

$$6.4 \times 10^6 \times (6.4 \times 10^6 \times 7.29 \times 10^{-5})$$

$$= 6.4 \times 10^6 \times 0.940 \times (6.4 \times 10^6 \times 0.940 \times 7.29 \times 10^{-5} + u)$$

$$6.4 \times 10^6 \times 0.940 \times 7.29 \times 10^{-5} + u = \frac{6.4 \times 10^6 \times 7.29 \times 10^{-5}}{0.940}$$

$$u = 6.4 \times 10^6 \times 7.29 \times 10^{-5} \times \left(\frac{1}{0.940} - 0.940\right) = 57.77 \cdots \approx 5.8 \times 10$$

<u>答．西の風、5.8×10 m/s</u>

問 11-1
1日に進む距離は 40×24=960 [km] である。一方、北緯 30°における経度1°の長さは、20000÷180×cos 30°=97 [km] である。したがって、1日に進む距離を経度で表すと、960÷97=10 [°]

<u>答．10°</u>

問 11-2
<u>答．ウ→ア→エ</u>

問 11-3
<u>答．ア→ウ→イ</u>

問 12-1
<u>答．右側のほうが強い。</u>（反時計回りの渦に台風の移動の効果が重なるから。）

問 12-2
<u>答．右側</u>
<u>根拠：風向が時計回りに変化したから。</u>

問 12-3
角運動量保存則より、

$$L = r^2 \Omega \sin \phi + rv = r'^2 \Omega \sin \phi + r'v'$$

だから、

巻末付録　　201

$$(400\times10^3)^2\times7.29\times10^{-5}\times0.174+400\times10^3\times1$$

$$=(50\times10^3)^2\times7.29\times10^{-5}\times0.174+50\times10^3\times v'$$

$$v'=47.95\cdots\approx4.8\times10$$

赤道では、$\phi=0$ とすればよいから、

$$v'=8.0$$

答．4.8×10 m/s、8.0 m/s

索引

[あ行]

秋雨前線 141
暖かい雨 87
亜熱帯高圧帯 130
亜熱帯ジェット気流 132
あられ 86
アリューシャン低気圧 138, 173
アルゴン 13
アルベド 92
一酸化二窒素 96
移動性高気圧 140, 148
移動性高気圧型 137, 140
移流逆転層 56
ウォーカー循環 171
渦度 124
雲頂高度 69, 81
雲底高度 68
雲量 77
エアロゾル 82
SI 単位系 40
エマグラム 66
エルニーニョ現象 171
遠心力 104
エントロピー 32
オーロラ 15
小笠原気団 143
オゾン 14
オゾン層 14
オゾンホール 18
帯状高気圧 140
オホーツク海気団 143

温位 65
温室効果 93
温室効果ガス 93, 175
温帯低気圧 139, 145
温帯低気圧化 165
温暖前線 146
温度移流 122
温度減率 52
温度風 121
温度風の関係 121

[か行]

海王星 14
海面気圧 30
海面更正 30
海面水位 175
海面水温 162, 171
角運動量 103, 116
角運動量保存則 103, 119, 163
量(かさ) 98
可視画像 80
可視光 92
火星 13
壁雲 160
過飽和 27, 82
雷 86
過冷却水滴 84
寒気移流 122
乾燥断熱減率 49
乾燥断熱線 66
寒帯前線ジェット気流 132

寒冷前線 146
気圧 27
気圧傾度力 101
気圧の尾根 150
気圧の谷 150
気圧の谷型 137, 139
気圧配置 137
気温減率 52
幾何光学的散乱 98
気体定数 22
北太平洋高気圧 142
気団 142, 145
ギブスの自由エネルギー 32
逆転層 55
凝結 26
凝結核 82
凝結過程 82
凝結高度 51
凝縮 26
強風域 167
極循環 129
金星 13
クラウジウス・クラペイロンの関係式 34
傾圧不安定 149
傾圧不安定波 150
傾度風 110
傾度風平衡 110
ケプラーの第 2 法則 115
ケプラーの法則 115
巻雲 147

圏界面　14
巻層雲　147
顕熱　134
高気圧　145
高層雲　147
高層天気図　30
黒体放射　92
国際単位系　40
コリオリ係数　106
コリオリの力　101
コリオリ力　101
混合比　25

[さ行]
サイクロン　159
三角関数　46
酸素　13
CISK　165
ジェット気流　131
紫外線　14
仕事　61
子午面循環　129
指数関数　46
湿潤断熱減率　51
湿潤断熱線　66
湿数　27
湿舌　72, 141
湿度　24
自転角速度　105, 164
シベリア気団　142
シベリア高気圧　138, 173
シャルルの法則　22
収束　123
自由対流高度　69
終端速度　83

重力加速度　28
昇華凝結過程　84
条件つき不安定　52
縄文海進　178
ショワルター安定指数　70
水蒸気　93
水蒸気圧　23
水蒸気量　24
水素　14
スケールハイト　29, 46
ステファン・ボルツマンの法則　93
スパイラルバンド　160
静水圧平衡　28
成層圏　14
晴天積雲　68
正のフィードバック　175
積雲対流　69
赤外画像　80
赤外線　92
積乱雲　78, 147
絶対安定　52
絶対渦度　125
絶対温度　21
絶対角運動量　164
絶対不安定　52
接地逆転層　56
前線　141, 145
前線型　137, 141
前線面　145
潜熱　72, 134
相対渦度　125
相対湿度　24
相当温位　72
外側降雨帯　160

[た行]
大気の窓　97
第2種条件つき不安定　165
台風　159
台風型　137, 142
台風の目　160
太平洋高気圧　142
太陽定数　91
太陽風　15
太陽放射　91
対流圏　14
対流圏界面　14
対流不安定　72
楕円軌道の法則　115
暖気移流　122
暖気核　160
断熱圧縮　49
断熱膨張　49
置換積分　43
地球温暖化　96, 175
地球型惑星　13
地球放射　92
地衡風　107
地衡風平衡　107
地上天気図　30
窒素　13
着氷　87
中間圏　15
中立高度　69
長波放射　92
沈降逆転層　56
冷たい雨　87
定圧比熱　50, 62
低気圧　145

定積比熱　50, 59
停滞前線　146
テテンの式　23
転向力　101
天王星　14
電離層　15
等圧線　145
等飽和混合比線　66
都市気候　176
土星　14
ドライフェーン　55
トラフ　150

[な行]

内部エネルギー　32, 59
夏型　137, 142
南岸低気圧　139
南高北低型　142
南方振動　171
二酸化炭素　13, 93
虹　98
日本海低気圧　139
日本式天気記号　77
熱圏　15
熱帯収束帯　130
熱帯低気圧　159
熱力学の第1法則　32
熱力学の第2法則　32

[は行]

梅雨前線　141
発散　123
ハドレー循環　129
ハリケーン　159
春一番　139

ヒートアイランド　176
光解離　17
比湿　25
微分方程式　29
比容　32
氷晶　84
フェーン現象　54
フェレル循環　129
二つ玉低気圧　139
物質量　22
冬型　137, 138
フロン　14, 93
分圧　23
分子量　22
併合過程　82
閉塞前線　146
ヘリウム　14
変数分離　43
偏西風　121
偏西風波動　146
ボイルの法則　22
貿易風　131
放射冷却　56
暴風域　167
暴風警戒域　167
飽和水蒸気圧　23
飽和水蒸気量　24
北西季節風　138
ポテンシャル不安定　72

[ま行]

窓領域　97
ミー散乱　98
みぞれ　87
メタン　14, 93

面積速度一定の法則　115
木星　14
木星型惑星　14
持ち上げ凝結高度　68

[や行]

やませ　81, 143
有効位置エネルギー　153
有効放射温度　94
揚子江気団　143
予報円　167

[ら行]

ラニーニャ現象　171
乱層雲　78
理想気体　22
理想気体の状態方程式　22
リッジ　150
レイリー散乱　98
ロスビー循環　130
露点　26
露点温度　26

著者略歴

佐藤尚毅（さとう・なおき）

1975 年 愛知県岡崎市に生まれる。
1997 年 東京大学理学部地球惑星物理学科卒業。
2002 年 東京大学大学院理学系研究科地球惑星科学専攻博士課程卒業。日本学術振興会特別研究員、独立行政法人海洋研究開発機構ポスドク研究員、同研究員、東京学芸大学教育学部講師を経て、現在 東京学芸大学教育学部准教授、博士（理学）（東京大学）。
専門は、アジアモンスーン、都市気候、大気海洋結合、熱帯気象、台風、温帯低気圧など。気象予報士。

基礎から学ぶ気象学

2019 年 9 月 25 日　初版第 1 刷　発行
2020 年 10 月 20 日　初版第 2 刷　発行
2022 年 11 月 1 日　初版第 3 刷　発行

編著者　　佐藤尚毅
発行者　　藤井健志
発行所　　東京学芸大学出版会
　　　　　〒184-8501　東京都小金井市貫井北町 4-1-1　東京学芸大学構内
　　　　　TEL 042-329-7797　FAX 042-329-7798
　　　　　E-mail　upress@u-gakugei.ac.jp
　　　　　http://www.u-gakugei.ac.jp/~upress/

装　丁　　小塚久美子
組　版　　生田稚佳
印刷・製本　Smile with Art

©Naoki SATO 2019
Printed in Japan
ISBN 978-4-901665-58-2

落丁・乱丁本はお取り替えいたします。